OUVRAGES DE L'AUTEUR

QUE L'ON TROUVE A LA MÊME LIBRAIRIE :

Hétérogénie, ou Traité de la génération spontanée, basé sur de nouvelles expériences, par F. A. Pouchet. Paris, 1859. In-8 de 666 pages, avec 3 planches gravées.......................... 9 fr.

Théorie positive de l'ovulation spontanée et de la fécondation dans l'espèce humaine et les mammifères, basée sur l'observation de toute la série animale, par le docteur F. A. Pouchet. *Ouvrage qui a obtenu le grand prix de physiologie à l'Institut de France.* Paris, 1847. 1 vol. in-8 de 500 pages, avec atlas in-4 de 20 planches, renfermant 250 figures dessinées d'après nature, gravées et coloriées.   **36 fr.**

Dans son rapport à l'Académie, en 1845, la commission s'exprimait ainsi en résumant son opinion sur cet ouvrage : *Le travail de M. Pouchet se distingue par l'importance des résultats, par le soin scrupuleux de l'exactitude, par l'étendue des vues, par une méthode excellente.* L'auteur a eu le courage de repasser tout au criterium de l'expérimentation, et c'est après avoir successivement confronté les divers phénomènes qu'offre la série animale, et après avoir, en quelque sorte, tout soumis à l'épreuve du scalpel et du microscope, qu'il a formulé ses LOIS PHYSIOLOGIQUES FONDAMENTALES.

Histoire des Sciences naturelles au moyen âge, ou Albert le Grand et son époque, considérés comme point de départ de l'école expérimentale, par F. A Pouchet. Paris, 1853. 1 beau vol. in-8.   **9 fr.**

Zoologie classique ou **Histoire naturelle du règne animal**, par F. A. Pouchet. Paris, 1841. 2 vol. in-8 et atlas.   **26 fr.**

Histoire naturelle et agricole du hanneton. Rouen, 1853, in-8.   **2 fr.**

De la Pluralité des Races humaines. Essai anthropologique, par Georges Pouchet. Paris, 1858. In-8 de 200 pages.   3 fr. 50

Corbeil, typographie et stéréotypie de Crété.

RECHERCHES ET EXPÉRIENCES

SUR LES

ANIMAUX RESSUSCITANTS

FAITES AU MUSÉUM D'HISTOIRE NATURELLE DE ROUEN

PAR

F. A. POUCHET,

CORRESPONDANT DE L'INSTITUT (ACADÉMIE DES SCIENCES),

Directeur du Muséum d'histoire naturelle de Rouen,
Professeur à l'École de médecine et à l'École supérieure des Sciences de la même ville;
Chevalier de l'ordre impérial de la Légion d'honneur, officier de l'ordre impérial du Lion et du Soleil,
Membre des Sociétés de Biologie, philomatique, d'histoire naturelle et des Sciences physiques
de Paris; membre fondateur de la Société impériale zoologique d'acclimatation de Paris;
Associé de la Société d'Anthropologie; membre de l'Académie des Sciences et des Lettres de Rouen,
et des académies de Strasbourg, Toulouse, Caen, Cherbourg, Lisieux, Venise, Philadelphie,
Turin, Bruges; de la Société linnéenne et de la Société des Antiquaires
de Normandie; correspondant du ministère de l'Instruction
publique pour les travaux scientifiques, etc., etc.

> La palingénésie du phœnix est une fable.
> DICT. DE TRÉVOUX.
>
> Celle des Rotifères aussi.
> POUCHET.

Accompagnées de figures intercalées dans le texte.

PARIS

J. B. BAILLIÈRE et FILS,

LIBRAIRES DE L'ACADÉMIE IMPÉRIALE DE MÉDECINE,

rue Hautefeuille, 19.

LONDRES	NEW-YORK
HIPPOLYTE BAILLIÈRE, 219, REGENT-STREET.	BAILLIÈRE BROTHERS, 440, BROADWAY

MADRID, C. BAILLY-BAILLIÈRE, CALLE DEL PRINCIPE, 11.

1859

RECHERCHES ET EXPÉRIENCES

SUR LES

ANIMAUX RESSUSCITANTS.

SECTION PREMIÈRE.

HISTORIQUE.

Des animaux absolument desséchés, momifiés, c'est-à-dire absolument morts, peuvent-ils être ressuscités ?

Telle est la question qui, depuis quelques mois, a eu, dans la presse scientifique, un si grand retentissement.

En scrutant les phénomènes de la vie, en nous basant sur l'observation et sur l'expérience, nous répondons : Non !

Cette négation d'un fait que tant de savants admettent sans l'avoir vérifié, que d'autres répandent par amour du merveilleux, nous a valu un volume de phrases : à tant de paroles nous répondrons par des faits.

Et, remarquez d'abord que les résurrectionnistes ont justement contre eux les savants qui ont jeté la plus éclatante lumière sur la science des Infusoires et du microscope : c'est un Leeuwenhoek, qui en a été incontestablement le créateur ; c'est un Bory de

Saint-Vincent, qui l'a tirée de l'oubli ; c'est un Diesing,
qui a écrit, récemment, le plus savant traité d'hel-
minthologie que nous connaissions (1) ; enfin, c'est
un Ehrenberg, auquel nul aujourd'hui ne peut être
comparé, et qui est, à juste titre, considéré comme le
prince de la micrographie moderne.

Et lorsque des naturalistes d'une immense valeur,
comme Rudolphi et de Blainville, s'élèvent avec éner-
gie contre les résurrections ; lorsqu'un penseur pro-
fond comme Oken les rejette, n'est-ce pas une immense présomption pour les condamner ?

On doit aussi ranger Dugès au nombre de ceux qui
ont entrevu la question sous sa véritable face; un
physiologiste d'un tel mérite ne pouvait se faire illusion : selon lui, *une dessiccation absolue tue irrévocablement* les animaux pseudo-ressuscitants (2).

Enfin, parmi les savants, qui, guidés par la saine
physiologie, ont nié la résurrection des Infusoires, on
doit citer encore Hermann, Schranck, Schweigger
et Morren.

C'est à plusieurs reprises que Bory de Saint-Vincent, avec la double autorité de penseur et d'observateur, a condamné énergiquement l'hypothèse des
palingénésistes. « Nous pouvons assurer, dit-il,
dans un de ses écrits, en parlant des Rotifères, que de
telles résurrections ne peuvent avoir lieu, surtout chez
des animaux d'une organisation si compliquée. Aucun d'eux, ajoute-t-il, ne pourrait être rappelé à

___

(1) Diesing, *Systema helminthum.* 1851.
(2) Dugès, *Traité de physiologie comparée.* Paris, 1838, t. I,
p. 37.

l'existence par l'humidité après avoir une fois cessé de vivre réellement par la dessiccation (1). » Pour lui cette dessiccation est évidemment la mort.

Et, selon Bory de Saint-Vincent, « lorsqu'on a cru constater le phénomène de la reviviscence, l'humectation , au lieu des animalcules précédemment observés, n'a fait que provoquer l'éclosion des œufs et apparaître de jeunes individus rapidement développés. » Déjà ce savant entrevoyait une partie de la vérité.

N'est-il pas étrange, vraiment, en présence de cette profession de foi si solennelle, de la part de naturalistes d'une si haute valeur, de venir poser comme un fait acquis le plus monstrueux paradoxe de la physiologie moderne.

Mais quels sont donc les fauteurs de l'erreur que nous combattons aujourd'hui ? Si nous jetons un regard rétrospectif sur la science, nous reconnaissons que presque tous les naturalistes contemporains qui ont le plus contribué à propager les errements de Spallanzani, ont été aussi les apôtres de la *théorie du sarcode* ; cette théorie étrange, qui consistait tout simplement à nier l'organisation des Infusoires, si admirablement démontrée par Ehrenberg ; c'est-à-dire à nier un fait aussi évident qu'est le soleil au milieu de l'azur du ciel.

Ces partisans du sarcode, mais en ce moment ils déplorent, j'en suis certain, d'avoir quelques instants professé que des animaux qui possèdent des organes

(1) Bory de Saint-Vincent, *Encyclopédie méthodique*, art. *Microscopique*. 1824.

digestifs, des organes circulatoires et des organes des
sexes, n'étaient composés que d'une substance glu-
tineuse, remplissant toutes les fonctions de la
vie. Eh bien ! ce sont les mêmes partisans de ce roman biologique, qui ont été les principaux promoteurs d'un autre roman, de celui des résurrections.

L'inexplicable facilité avec laquelle des physiologistes de renom ont admis la palingénésie, tient peut-
être à l'idée qu'ils se sont faite des organismes inférieurs. Ne voyant en quelque sorte en eux qu'une
parcelle de gélatine animée, il leur était bien pardonnable d'admettre que leur vitalité dépendît ou non
de la simple imbibition. Mais si nous élaguons
cette théorie, qui n'est qu'une réminiscence de Lamarck (1) ; et si nous reconnaissons que les animaux
pseudo-ressuscitants sont doués d'une organisation
aussi compliquée que délicate, et que chez eux il
existe un tube digestif, des organes des sens, un
système nerveux, un appareil sexuel, etc.; immédiatement notre esprit répugnera à admettre que tant
d'organes divers puissent être saisis par la dessiccation et être ranimés par l'imbibition, sans éprouver
de lésions profondes.

L'infinie petitesse des Rotifères ou des Tardigrades
a permis de tout supposer. Mais chez eux tout est
corrélatif. L'immense ténuité de leurs tissus n'a besoin pour se rompre que d'un changement physique
incommensurable.

La thèse des résurrections doit succomber parce

(1) LAMARCK, *Histoire naturelle des animaux sans vertèbres.*
T. I, p. 422-432.

qu'elle est en dehors des traditions rationnelles : elle doit succomber parce qu'elle violente tout autant la nature que la simple raison.

Dans l'ordre logique, si par l'hydratation vous restaurez les plus frêles organismes, il n'y a pas de raison pour que ceux d'un ordre plus élevé se dérobent au résultat physique de l'expérience.

Un animal momifié, si petit qu'il soit, n'en est pas moins pourvu d'organes fort complexes, et si par l'imbibition vous restituez à ceux-ci et la forme et la vie, les êtres plus élevés ne doivent pas être absolument déshérités du même bienfait. La macération redonne-t-elle jamais à un animal desséché, je ne dis pas, moi, une nouvelle existence, mais seulement son apparence primitive? L'eau nous rend-elle un tissu avec sa délicate texture et sa transparence? Faites donc macérer la momie d'un guanche ou d'un pharaon et examinez comment l'imbibition vous la rendra !

Spallanzani avouait lui-même en parlant des résurrections, qu'on ne saurait montrer trop de défiance et trop de crainte, contre ce qu'il appelle *la vérité la plus paradoxale que puisse offrir l'histoire des animaux.* Nous sommes absolument dominé par les mêmes impressions que le physiologiste italien. Et pour nous, zoologiste, nous avouons que si un fait semblable, qui renverse de fond en comble toutes les lois de la vie, se présentait à nos yeux avec toutes les apparences de la vérité, nous consacrerions le reste de notre existence à rechercher par quelles causes nous avons été induit en erreur.

Ce fut Leeuwenhoek, ce véritable fondateur de la micrographie, qui, en 1701, découvrit le premier la ténacité vitale des Rotifères. Ayant recueilli du sable de gouttière qui contenait de ces animalcules, le célèbre Hollandais voulut reconnaître, si, après l'avoir fait sécher, il en offrirait encore, lorsqu'on viendrait à le réhumecter. Après avoir mouillé ce sable, à son grand étonnement, il le vit se repeupler des mêmes animaux qu'on y avait trouvés précédemment. Un observateur aussi sagace que Leeuwenhoek ne pouvait voir dans ce fait un phénomène de résurrection, et il ne le fit pas. Il considéra, avec beaucoup de raison, ce qui se passait là, comme analogue à ce que l'on observe sur certains œufs d'insectes et sur certaines larves, que leurs enveloppes protégent parfois si long-temps et si efficacement (1).

Ce savant, comme est forcé de l'avouer le plus chaleureux partisan de la palingénésie, « n'a même pas voulu qu'on le soupçonnât de penser que les animaux qu'il avait vus ressusciter, eussent été réellement secs. »

Ainsi donc, c'est Leeuwenhoek, qui découvre le phénomène des pseudo-résurrections, mais qui déjà proteste contre la portée que ses successeurs vont bientôt lui donner. La haute raison du micrographe de Leyde avait parfaitement discerné le vrai. Au début de cet écrit, nous nous rangeons sous sa bannière.

Mais tous les observateurs ne se continrent pas dans une telle réserve. Needham, plus aventureux

_____

(1) *Epistolæ ad Societatem regiam anglicam*, etc., t. II, p. 381.

que le savant hollandais, ayant vu des Anguillules du blé niellé renaître après la dessiccation de celui-ci, prétendit que ces animalcules subissaient une véritable résurrection (1).

Les phénomènes de reviviscence des Anguillules du blé niellé furent ensuite étudiés par Baker, Allamand, Trembley, Buffon et le comte Ginanni (2); mais sans qu'ils eussent tous sur ce qu'ils voyaient des notions bien arrêtées; car plusieurs d'entre eux allaient jusqu'à contester l'animalité de ces Microzoaires.

Mais ce fut surtout Spallanzani, qui, vers 1775, donna une immense célébrité aux résurrections. Ce savant entreprit sur celles-ci de nombreuses expériences à l'aide desquelles il prétendit mettre hors de doute ce phénomène extraordinaire. La grande réputation du physiologiste de Pavie fit longtemps considérer comme un fait acquis ces fausses reviviscences, que quelques naturalistes de notre époque, guidés par une haute raison, ont absolument remises en doute.

Cependant Spallanzani sentait fort bien tout ce qu'a d'incompréhensible l'anomalie physiologique dont il a fait une si longue histoire. « Un animal qui ressuscite après sa mort, dit-il, et qui dans de certaines limites ressuscite autant qu'on le veut, est un phéno-

(1) NEEDHAM, *New microscopical Discoveries* (*Transactions philosophiques*). 1743, p. 640.

(2) BAKER, *Employment of the microscope.* 1753. — ALLAMAND, qui a traduit les œuvres de Needham, en conservant l'anonyme. — BUFFON, *Histoire naturelle des animaux.* Paris, 1833, t. VIII, p. 243 et 247. — GINANNI, *Delle malattie del grano in erba.*

mène aussi inouï qu'il paraît d'abord invraisemblable
et paradoxal : il confond les idées les plus reçues sur
l'animalité (1). » Le savant italien n'a jamais parlé
avec une plus instinctive raison. Pourquoi ses doutes
ne l'ont-ils pas retenu?

Les expériences de Spallanzani sur les résurrections eurent un grand retentissement, à cause de la
manière attrayante avec laquelle il les exposa. Il est
vrai de dire aussi que son chapitre sur ce sujet, por-
tant à chaque tête de page cette inscription : *Expériences sur les animaux qu'on peut tuer et ressusciter
à son gré*, était bien fait pour piquer la curiosité.

L'abbé Fontana a aussi été l'un des promoteurs des
revivifications. Il en donnait le spectacle aux voya-
geurs de distinction qui passaient à Florence; mais
peu de ses observations ont été publiées (2). Il n'ose
point écrire sur ce sujet, dit Dupaty, il craint d'être
excommunié : tout le pouvoir du grand-duc ne le
sauverait pas (3).

Notre époque a vu paraître quelques travaux im-
portants sur les animalcules ressuscitants. En première ligne nous devons citer le magnifique ouvrage
de J. Banks, encore manuscrit, à la bibliothèque du
British Museum, où il est question des Anguillules du
blé niellé, et qui est accompagné de figures gran-
dioses, exécutées avec un soin extrême.

M. Davaine a publié aussi sur ces animalcules un

<hr>

(1) Spallanzani, p. 252.

(2) Il en parle cependant dans son célèbre *Traité sur le venin
de la vipère*, t. I, p. 62.

(3) Dupaty, *Lettres sur l'Italie*. Paris, 1824, t. I, p. 145.

travail important. Selon ce savant, la dessiccation la plus complète n'en paralyse pas la revivification. M. Davaine dit qu'il possède des grains de blé niellé depuis quatre ans et que les Anguillules dont ils sont peuplés reprennent toutes la vie et le mouvement lorsqu'on les met dans l'eau (1). Mais cette faculté paraît, selon quelques observateurs, se conserver encore beaucoup plus longtemps. Baker a trouvé des Anguillules vivantes dans du blé niellé que lui avait donné Needham vingt-huit ans auparavant (2).

Enfin, M. Doyère, que l'on peut regarder comme le plus ardent palingénésiste de notre époque, dans sa *Monographie des Tardigrades*, a prétendu que ces animaux pouvaient supporter des températures fort élevées et une dessiccation absolue sans perdre leurs reviviscibilité. C'est cette thèse que nous allons combattre.

On doit dire aussi que, durant ces dernières années, Schultze fit des efforts considérables pour étendre le nombre des résurrectionnistes. Il montra à beaucoup de personnes du sable sec depuis longtemps, et qui réimbibé se peuplait de nombreux Rotifères. Il ne se borna pas à cette simple exhibition, et on le vit envoyer de tous côtés, par la correspondance, des parcelles de ce sable, en apparence inanimé, mais que sous les yeux émerveillés de ses correspondants l'humectation remplissait d'êtres vivants. Nous répétons

(1) Davaine, *Mémoires de la Société de biologie.* Paris, 1856, 2ᵉ série, t. III, p. 232.

(2) *Lettre de* Needham, en réponse à un *Mémoire de* Roffredi. (*Journ. de phys.* de l'abbé Rozier, t. V.)

cette expérience tous les jours, et l'on est actuellement unanime pour la considérer comme absolument insignifiante relativement à la solution de la question.

Cependant l'opinion de Schultze ne doit être ici que d'un faible poids, puisque, si d'abord il a paru être un résurrectionniste zélé, dans ces dernières années, convaincu par l'ascendant d'Ehrenberg, il semble s'être rangé sous sa bannière. Et, en effet, Schultze, dans l'un de ses mémoires sur une espèce d'*Emydium* (*Echiniscus Bellermanni*), avoue que la prétendue mort de cet animalcule n'est qu'une espèce d'asphyxie (1). Il a raison.

Divers auteurs prétendent aussi avoir vu quelques animalcules ressusciter après leur dessiccation, tels sont Leeuwenhoek, Gleichen, Girod, Chantrans, etc. Mais dans ces cas souvent c'est une génération nouvelle qui a été prise pour la reviviscence d'animalcules préexistants.

(1) Schultze, *Echiniscus Bellermanni, animal crustaceum, Macrobioto Hufelandii affine*, etc. Berlin, 1840.

SECTION II.

DE LA RÉSISTANCE VITALE DES ANIMAUX
PSEUDO-RESSUSCITANTS.

Des exemples extraordinaires de résistance vitale, remplissent les traités d'histoire naturelle. L'amour du merveilleux, auquel ne savent même pas toujours se soustraire les hommes d'une célébrité justement méritée, les leur a fait souvent reproduire, sans contrôle. Cependant, un examen scrupuleux de quelques-uns de ces cas, les fait immédiatement considérer comme devant être apocryphes.

Ainsi, Redi prétend que des Ascarides placés dans une forte solution d'aloès, y vécurent pendant quatre jours (1). Rudolphi et Miran rapportent même que des vers de ce genre après avoir été desséchés absolument, ou être restés onze jours dans de l'alcool, purent être rappelés à la vie (2). Cela est tout à fait incroyable.

M. Davaine dit avoir reconnu que les œufs de l'Ascaride lombricoïde de l'homme peuvent rester six

(1) Redi, *Osservazioni degli animali viventi che si travano negli animali viventi*. Firenze, 1681.

(2) Rudolphi, *Entozoorum Synopsis*, Berlin, 1819, p. 250.

mois sous l'eau avant de commencer leur développement. M. Verloren a vu ceux d'un autre Ascaride y vivre une année entière. Cela se conçoit parfaitement, et vient étayer la théorie rationnelle des pseudo-résurrections.

Mais, d'un autre côté, MM. Ercolani, Vella et Van Beneden citent des faits de résistance vitale qui tiennent réellement du prodige. Les premiers assurent que l'on a complètement revivifié des œufs et des embryons d'Helminthes qui, après avoir été plongés six jours dans l'alcool, avaient ensuite subi une dessiccation de trente jours. Van Beneden va même beaucoup plus loin que ces deux observateurs, puisqu'il prétend qu'on a pu revivifier des œufs retirés de préparations anatomiques qui avaient subi une complète dessiccation depuis plusieurs années (1).

Mais, d'un autre côté, ces prodiges sont contestés par un helminthologiste non moins célèbre que les précédents : c'est Küchenmeister, qui soutient que l'action de l'alcool est absolument mortelle pour les œufs des vers intestinaux. Ce savant considère comme une fable le fait rapporté par Möller, concernant la progéniture vivante que l'on aurait obtenue à Paris à l'aide d'œufs de Ténia conservés dans l'esprit de vin (2).

Ces divers faits, qui tendraient à grossir la petite phalange des animaux ressuscitants, peuvent, comme

______

(1) Ercolani et Vella, *On the Embryogeny and propagation of intestinal Worms.* (*Ann. and. mag. of nat. hist.* London, 1854.) — Van Beneden, *Zoologie médicale.* Paris, 1859, t. II, p. 312.

(2) Kuchenmeister, *On animal and vegetable parasites of human body.* London, 1857, t. I, p. 45. — Moller, *Gaz. méd.,* 1855.

on le voit, être largement contestés, et ils le sont déjà par certains helminthologistes eux-mêmes. Ils le seront aussi par tous ceux qui étudieront des vers vivants, car ils reconnaîtront, avec Bremser et Burdach, que ceux-ci périssent rapidement aussitôt qu'ils sont sortis de leur habitat.

Quelques personnes ont été jusqu'à croire qu'il existait aussi des serpents reviviscibles. Bouguer, parle d'un amphisbène que l'on rencontre principalement vers l'embouchure de l'Orénoque et qu'on voit revenir à la vie après avoir été desséché une dizaine d'années, soit en plein air et sur les branches d'un arbre, soit même à l'intérieur d'une cheminée. Il ne faut, pour jouir du phénomène, que plonger le reptile dans de l'eau exposée au soleil (1).

Il est essentiel de faire observer que pour les palin. génésistes il ne s'agit pas de prouver que les fonctions vitales peuvent être incomplétement suspendues, plus ou moins longtemps, par l'effet de causes physiques, mais qu'elles peuvent être absolument anéanties sans compromettre l'existence. Enfin, qu'un animal complétement momifié peut ressusciter par l'influence de l'hydratation.

Quelques observateurs tranchent la question avec une légèreté sans pareille, tandis qu'Ehrenberg a la sagesse de ne le faire qu'après avoir examiné attentivement, une à une, les hypothèses des résurrectionnistes et les avoir combattues. Ehrenberg a fait sentir,

_____

(1) BOUGUER, *Théorie de la figure de la Terre*, Paris, 1749. — Ehrenberg, qui rappelle cette histoire, y renvoie ceux qui croient à la résurrection des Rotifères morts. C'est conséquent.

POUCHET. *Anim. ress.*   2

avec une grande force de logique, que *la cessation du mouvement vital, dans un animal, c'est évidemment la mort*. Et en effet, toutes les fois que, dans un animal, la vie embryonnaire est commencée, sa suspension absolue est la mort absolue.

L'œuf du Rotifère peut probablement se conserver fort longtemps stagnant. Mais, ainsi que la graine du végétal elle-même, une fois que son cycle vital a commencé à poindre, aucune suspension absolue n'est possible.

Si tant d'autres naturalistes, d'un juste renom, ne s'étaient élevés contre les résurrections des Rotifères et des Tardigrades, Ehrenberg à lui seul en écraserait tous les partisans. En effet, quel micrographe pourrait-on lui comparer pour le savoir et l'importance des travaux ? près des siens les écrits de ses contemporains ne sont que des œuvres de pygmées. Et croit-on que l'illustre savant de Berlin ait émis son opinion à la légère ? Mais, pas le moins du monde; il l'a profondément pesée, discutée avant de l'inscrire dans son œuvre, et si la raison et l'expérience ne se déclaraient en sa faveur, on pourrait le croire sur parole.

Ehrenberg et Bory de Saint-Vincent n'hésitent pas à dire que « la dessiccation c'est la mort. » Aussi, c'est avec raison que l'on voit le premier de ces savants assurer que les animalcules que l'on croit faire revivre n'ont jamais été desséchés absolument dans le sable qui les contenait. Dans ce cas, dit-il, le sable et la mousse les préservent aussi bien de la dessiccation que les vêtements épais des Arabes les garantissent de la brûlante chaleur du désert (1).

(1) Ehrenberg, *Infusionsthierchen.*

Toute la question se trouve révélée et a son explication dans ce peu de mots.

Les Rotifères, les Tardigrades et les Anguillules se conservent sous la protection de leur enveloppe et à l'aide de l'hygroscopicité du sable, absolument comme le font une foule d'animaux adultes ou leur progéniture, dans des circonstances analogues ; et c'est pour ne pas avoir embrassé le sujet à un point de vue plus général et assez élevé, que certains savants ont considéré comme un prodige des faits qui se présentent fréquemment dans la zoologie.

La pseudo-résurrection des animalcules n'a rien de plus extraordinaire que la conservation de certains œufs ou de certaines chrysalides, qui, garantis par des enveloppes d'une imperméabilité comme la nature seule en sait tisser, résistent au plus ardent soleil durant tout l'été, ou aux pluies de l'hiver, sans en subir aucune atteinte. Cette pseudo-résurrection n'est pas, non plus, plus extraordinaire que le retour à la vie active, je ne dis pas à l'existence, de certains animaux qui restent une année et plus contractés et immobiles sous leur enveloppe.

En passant en revue la série zoologique, on reconnaît même que la résistance vitale de certains animaux ou de leurs corps reproducteurs, est même bien autrement remarquable que le phénomène de la revivification des animalcules, réduit à sa légitime valeur.

Beaucoup d'insectes ont des œufs fort petits qu'ils déposent soit sur les branches des arbres, soit sur leurs feuilles, et qui là, sans s'altérer, subissent toute la rigueur des saisons. Ces œufs ont une enveloppe coriace qui les isole du monde extérieur ; et si l'inspection ne révélait qu'ils sont remplis de liquide, on croirait à leur parfaite dessiccation. Tels sont les Rotifères, seulement pour eux la partie fluide étant immensément petite, elle est plus difficilement appréciable. Cependant le microscope peut, jusqu'à un certain point, nous donner des indices certains de ce que j'avance. Ceux de ces animalcules contractés qui sont reviviscibles, offrent une transparence que n'ont pas ceux qui ne peuvent être rappelés à la vie. Cela est dû à ce que les premiers conservent encore leur eau hygroscopique, tandis que les autres, étant complétement secs, réfractent plus la lumière, et semblent opaques.

Certains Crustacés nous offrent aussi l'exemple d'une progéniture qui résiste d'une extraordinaire manière à la dessiccation. Les Cypris, qui sont presque microscopiques, ont des œufs d'une ténuité extrême, et qui se conservent, sans se dessécher, dans la vase des mares mises à sec durant tout l'été, et s'y développent aussitôt que revient la saison des pluies. N'est-ce pas là un fait tout aussi remarquable que l'histoire du Rotifère des toits ?

L'*Apus cancriformis* nous montre encore quelque chose de plus extraordinaire. Ses œufs, à ce que prétendent les naturalistes, semblent pouvoir se conserver pendant plusieurs années, sans perdre leur vitalité. C'est ainsi que l'on explique la présence de myriades de Crustacés de ce genre, que l'on voit apparaître immédiatement après de fortes pluies, dans des lieux où l'on n'en avait point observé de longue date.

Quand on fouille l'histoire des Mollusques, on trouve qu'il en existe un grand nombre qui, à l'abri de leur coquille, vivent un temps extraordinaire sans communiquer avec le monde extérieur, si des circonstances défavorables viennent à les environner. Quelques-uns, malgré leurs mœurs absolument aquatiques, restent parfois à sec durant tout l'intervalle des plus hautes marées, un mois et plus. D'autres qui habitent les mousses où vivent eux-mêmes les Rotifères et les Tardigrades, semblent absolument appelés à partager le sort de ceux-ci. Tels sont beaucoup de Cyclostomes, de Clausilies et de Maillots, qui se retirent dans leur coquille durant tout le temps où le soleil brûle les végétaux parmi lesquels ils s'abritent, et qui ne se montrent qu'au moment où l'humidité les vivifie.

Quelques Hélices hivernent six mois et bouchent leur habitation avec une porte confectionnée *ad hoc*.

M. Flourens a conservé pendant un an, sans nourriture, plusieurs de ces animaux ; et l'illustre physiologiste les vit se ranimer quand on leur offrit de l'herbe fraîche.

On peut même assurer que, dans certaines circonstances, quelques-uns des petits Mollusques que nous venons de citer offrent une suspension vitale beaucoup plus miraculeuse que celle que l'on attribue aux Rotifères. Dans son magnifique ouvrage, M. Moquin-Tandon rapporte qu'on a vu des Hélices sortir de leur coquille et ramper après y être restées enfermées un an et demi à deux ans. Ce savant a conservé vingt-six mois dans un cornet de papier plusieurs

Clausilies pointillées (1). M. Saint-Simon a vu des Zo-
nites porcelaine vivre deux ans et demi sans aliments.
M. Sarrat a oublié dans une boîte des *Pupa quinque-
dentata* recueillis en 1843, et ces animaux y étaient
encore vivants en 1847, quatre ans après!

A-t-on jamais eu l'idée que tous ces animaux ne résistaient au temps qu'à l'aide de la dessiccation, et ne
se ranimaient que par l'hydratation? Il en est de même
pour les Rotifères. Si sur ceux-ci on a pu faire tant
de merveilleuses histoires, c'est que leur infime petitesse pouvait laisser tout supposer, tout oser; tandis
qu'à l'égard des Maillots, des Clausilies et des Cyclostomes, quoique l'on ait en eux de fort petits Mollusques, la vérité était encore trop ostensible.

Quelques expériences, dans lesquelles des animaux
séquestrés du monde extérieur se sont conservés vivants pendant une période de temps considérable, viennent encore à l'appui de notre manière de voir à l'égard
des pseudo-résurrections. Nous avons parfois renfermé
des Crapauds dans des boules de plâtre, et, en brisant
celles-ci dans notre amphithéâtre, après plusieurs
semaines, nous trouvions encore ces animaux parfaitement vivants. D'autres ont prolongé l'expérience
beaucoup plus longtemps que nous ne l'avons fait.

En 1777, Hérissant renferma trois Crapauds dans
des boîtes enveloppées de plâtre, et il les déposa à
l'Académie des sciences. Au bout de dix-huit mois
deux de ceux-ci existaient encore; un seul était mort.

Durant ces dernières années le docteur Buckland a

___

(1) Moquin-Tandon, *Histoire naturelle des mollusques terrestres
et fluviatiles de France.* Paris, 1855, t. I, p. 60.

entrepris aussi quelques expériences sur ce sujet. Il vit que des Crapauds que l'on avait pesés, et qui ensuite avaient été placés dans des cavités pratiquées dans un bloc de calcaire oolithique poreux, s'y conservèrent vivants près de deux ans, sans varier beaucoup de volume. Mais d'autres expériences rapportées dans le *Cosmos* par M. l'abbé Moigno, semblent encore porter au delà la réclusion que ces reptiles peuvent subir sans périr. Elles sont dues à un membre de l'Institut, qui honore les sciences autant par le savoir que par le caractère, M. Seguin, qui raconte ainsi ce fait : « Je plaçai une dizaine de Crapauds, les uns, dans des vases de terre de 15 à 20 centimètres de hauteur, les autres dans des débris d'arrosoirs en fer-blanc, en les enveloppant de plâtre gâché très-dur... Au bout de quelques mois, je visitai les vases; quelques-uns répandaient une odeur putride ; je brisai le plâtre et trouvai les Crapauds morts; mais en ayant trouvé un vivant, je résolus de conserver les autres vases pendant un assez grand nombre d'années. L'opinion de la maison est qu'ils y restèrent dix ans. Au bout de ce temps présumé, qui n'a pas été moins de cinq à six ans, je rompis le plâtre qui était très-dur; et je trouvai dans un des pots un Crapaud en parfait état de santé ; le plâtre était exactement moulé sur lui, et il en remplissait toute la cavité. Au moment où je brisai le plâtre, il s'élança pour sortir de son étroite prison ; il fut retenu par une de ses pattes qui resta engagée ; je brisai cette partie du plâtre, et l'animal s'élança à terre, reprenant ses mouvements habituels comme s'il n'y avait eu aucune interruption dans son mode d'existence. »

Après de tels exemples de persistance vitale, faut-il donc tant crier au miracle parce que quelques Rotifères ou quelques Tardigrades se conservent un certain temps au milieu du sable et ne sont ranimés que lorsqu'on réhumecte celui-ci? Ce fait est moins extraordinaire que celui du Crapaud, car le Rotifère, en se contractant, trouve une protection sous ses anneaux, tandis que le Reptile reste à nu au milieu de l'atmosphère desséchante qui l'environne.

Quoique les phénomènes se passent ici sur des êtres infiniment petits, ils n'en ont pas moins leur importance biologique, et celle-ci est immense lorsqu'il s'agit de sonder le plus mystérieux des phénomènes, celui de la vie.

Corti, Weigmann, Prochaska, Carus et Müller, ont pensé que les animalcules, que l'on a considérés comme reviviscibles, possédaient à l'état de dessiccation apparente, une espèce de vie latente. Nous partageons cette manière de voir, mais pour nous, ce vestige d'existence ne se conserve que dans de certaines limites; et lorsque la dessiccation absolue arrive, elle entraîne irrévocablement la mort.

Afin de venir au secours de l'hypothèse de la dessiccation des animalcules pseudo-ressuscitants, on a singulièrement exagéré la température à laquelle ils se trouvent soumis dans les lieux qu'ils habitent.

M. Doyère n'a même pas craint d'écrire que dans nos climats les animalcules ressuscitants, éprouvent sur nos toits, cent jours de l'année, une température de 80 degrés (1). Il y a là plus que de l'exagération

(1) Doyère. *Progrès,* mai 1859.

et c'est donner à la France une chaleur qui dépasse celle du Sénégal. En effet, Adanson rapporte, que dans ce pays la plus forte chaleur qu'il ait observée n'a atteint que 60 degrés (1). Spallanzani dit que pour l'Italie le thermomètre ne marquait, les jours les plus brûlants, que 47 à 49 degrés dans les lieux où il recueillait ses Rotifères.

Ayant entrepris des expériences sur ce sujet, nous avons reconnu, nous, que durant le mois de juillet, jamais la température de nos toits ou de nos gouttières les plus exposées au soleil, ne s'élevait, à midi, au-dessus de 55 à 58 degrés. Et, d'un autre côté, nous ferons observer que dans de telles gouttières ou sur de tels toits, jamais on ne rencontre de touffes de mousses, celles-ci y seraient brûlées. Ces végétaux, et les animalcules qui en habitent le terrain, ne prospèrent que sur les toits et les gouttières abrités ou exposés au nord. Ainsi la mousse qui contient tant de millions de Rotifères, ce qui nous avait été si malheureusement contesté, ne se rencontre que dans un seul endroit sur les combles de notre cathédrale; et c'est justement dans un lieu presque constamment soustrait à l'action du soleil par l'ombre de la tour de Georges d'Amboise, dont la masse de pierre contribue à entretenir la fraîcheur.

Enfin, il est évident aussi que si les touffes de mousses de nos toits subissent durant les journées

(1) ADANSON, *Voyage au Sénégal*. Paris, 1767, p. 26. (Therm. de Réaumur).

(2) SPALLANZANI, *Opuscules de physique animale et végétale*. Pavie, 1787, t. II, p. 237. (Thermomètre de Réaumur.)

chaudes de l'été une température qui les dessèche, celle-ci est loin d'être aussi dévorante qu'on le prétend. Jouissant d'une hygroscopicité fort prononcée, la rosée des nuits rend souvent aux mousses l'humidité pompée par l'ardeur du soleil ; les pluies viennent fréquemment les abreuver. De façon que si de temps à autre la sécheresse force les Rotifères à se ratatiner comme le font les Hélices, les Cyclostomes, les Maillots et les Clausilies en de pareilles circonstances, l'absolue privation d'eau qu'ils éprouvent n'est jamais d'une bien longue durée. Le sable lui-même dans lequel on les recueille est fort hygroscopique et s'imprègne facilement de l'humidité de l'atmosphère.

Au milieu de tant d'assertions plus ou moins erronées, ce qu'il y a de positif, c'est que les œufs ou les larves des animalcules pseudo-ressuscitants se conservent un temps fort long dans le terreau qui les recèle (1) : c'est un point qu'ils ont de commun avec une foule d'autres petits animaux, ainsi que nous l'avons vu. Il n'y a là aucun phénomène biologique extraordinaire, c'est un fait normal. Seulement ne le laissons pas oublier, quand l'animal a joui de toute son activité vitale et qu'on le dessèche, il perd cette propriété et ne résiste que quelques jours à l'absence d'eau ou d'humidité.

Fontana prétend qu'il a vu des Rotifères vivants apparaître dans du sable qui avait été deux ans et

____

(1) Si celui-ci forme un amas assez considérable, jouissant par conséquent d'une grande hygroscopicité, car, comme nous le verrons, si le terreau est étendu en couches minces, les animalcules perdent rapidement leur reviviscibilité.

demi soumis à l'action des rayons du soleil. Le sable qu'employait Schultze, et qu'il envoyait aux savants pour vérifier l'expérience des résurrections, avait quatre ans d'ancienneté. Spallanzani assure même que lorsque les Rotifères ont été desséchés, ces animalcules ressuscitent toujours, quel que soit le temps pendant lequel on les conserve ainsi (1). Il dit en avoir vu ressusciter après quatre ans (2).

Nous verrons plus loin que lorsque les animalcules pseudo-ressuscitants sont observés attentivement, on reconnaît, au contraire, qu'ils perdent en un temps assez court leur faculté de reviviscence.

Quelques savants ont encore renchéri sur l'extraordinaire résistance vitale que Spallanzani avait prêtée aux animalcules, et qui avait tant émerveillé le monde savant. L'expérimentateur italien leur avait accordé l'immortalité, M. Doyère les considéra comme presque incombustibles. Ce naturaliste prétend que l'on peut pousser la dessiccation des animalcules ressuscitants aussi loin que le permettent les procédés suivis en chimie pour la dessiccation des substances destinées à l'analyse, et que celle-ci n'entrave nullement leur résurrection (3). Il a été même jusqu'à soutenir que ces animalcules pouvaient être soumis sans périr à une température de 120° et même de 150°. C'est là un de ces faits que toutes les expériences condamnent, comme nous le verrons plus loin.

(1) Spallanzani. *Opusc.*, p. 213.
(2) *Id., id.*, p. 214.
(3) Doyere, p. 23.

SECTION III.

DES CAUSES D'ERREURS DANS LES EXPÉRIENCES SUR

LES PSEUDO-RÉSURRECTIONS.

Le désir qu'avaient certains naturalistes de trouver quelque chose de nouveau ou de merveilleux dans la pseudo-résurrection des animalcules, les a empêchés de voir ou de rechercher les causes qui pouvaient les égarer.

Celles-ci sont assez multiples, mais on parvient cependant à les débrouiller à l'aide d'une attention soutenue.

Les résurrections, qui surprennent tant les palingénésistes, ne sont autre chose ou que des éclosions nouvelles, ou que la reviviscence d'animalcules que leurs enveloppes ont garantis de la dessiccation ; et qui, à l'aide de celles-ci, conservent longtemps leur vitalité. Mais, dans ces deux cas, la pseudo-résurrection a des bornes ; et il ne faut pas imiter certains naturalistes, en accordant à ce phénomène une durée illimitée.

Bory de Saint-Vincent apprécie très-bien la question en ces termes : « Tous les Rotifères, dit-il, sont aquatiques, et l'on doit deviner, d'après leur structure compliquée, que la sécheresse agissant sur eux comme elle le fait sur les poissons ou autres créatures qui vivent uniquement inondées, elle les doit tuer promptement, sans qu'il y ait pour eux possibilité de résurrection après la mort. Cependant sur des observations mal faites et plus mal refaites, on imprime et l'on réimprime, depuis un siècle environ, que les Rotifères desséchés, longtemps privés d'eau et demeurés morts en des endroits où s'en conservaient les dépouilles, se raniment et reviennent dès qu'on les mouille. Il n'y a pas de moyen, continue-t-il, que nous n'ayons employé pour arriver à un résultat qui tiendrait du miracle.

« Nous avons, à la vérité, plus d'une fois, en retrempant des étuis de Friganes ou des Conferves longtemps desséchées, et en mettant de l'eau dans des vases remplis de sédiment où l'année précédente nous avions produit ou entretenu des animalcules, retrouvé des Rotifères avec beaucoup d'autres Microscopiques. Mais ni les uns ni les autres n'y ressuscitaient ; ils y éclosaient et s'y développaient simplement comme les Daphnies et autres petits Entomostracés, dont les germes sont demeurés dans le sol et aptes à naître dès que la saison pluvieuse ramène l'humidité nécessaire à leur apparition. Depuis trente ans, nous réitérons cette assertion, mais certaine école y revient toujours, parce que les personnes qui font du *microscopisme* copient Spallanzani (1). »

Un des plus ardents adeptes de la palingénésie

(1) Bory de Saint-Vincent, *Encyc. méth.* Vers., t. II, p. 518, et *Dict. pitt. d'hist. nat.* Paris, 1839, t. VIII, p. 564.

persiste absolument, en plein dix-neuvième siècle, à nous faire rétrograder jusqu'au temps du savant italien. Le front de Spallanzani est ceint d'une belle auréole de gloire, mais les sciences n'ont pas sombré avec son époque, ainsi que l'attestent leurs splendides conquêtes. Que diraient nos physiologistes, si l'on prétendait leur imposer l'école de Pavie comme l'apogée de l'expérimentation ? Ils se révolteraient. Je les imite, car la raison et les faits combattent à mes côtés, et je triompherai.

On parvient à débrouiller toutes les causes d'erreurs en opérant sur un nombre déterminé et très-restreint d'animalcules. Alors on s'aperçoit réellement : 1° que les animalcules vivants et qui se sont contractés pour se protéger contre la dessiccation, ne sont revivis-cibles, sous cet état, que pendant un temps fort li-mité, et qui, en été, ne dépasse pas vingt jours ; 2° que lorsqu'on opère sur du terreau sec, ce sont souvent des jeunes qui éclosent, après s'être conser-vés un temps fort long sous leurs enveloppes pro-tectrices, comme le font parfois aussi les œufs ou les chrysalides de beaucoup d'insectes, de crustacés et d'autres animaux.

Les éclosions ont si souvent égaré les palingéné-sistes, que, même en agissant sur un nombre fort limité d'animalcules, parfois elles viennent encore dérouter le micrographe. Dans des expériences où j'avais seule-ment pris quatre à six animalcules bien comptés, j'obtenais des pseudo-résurrections en nombre plus considérable que je n'avais soumis d'individus à une dessiccation de peu de durée. J'ai vu avoir quatre

Rotifères *jeunes*, sur un verre, et qui, après deux jours de dessiccation, ressuscitaient au nombre de cinq. J'ai vu aussi soumettre six Rotifères à une dessiccation réelle, et par la réhumectation je n'obtenais que six cadavres de ces animaux et... une toute petite Anguillule vivante, qui n'existait certainement pas avant parmi eux. C'était dans le premier de ces deux cas une nouvelle éclosion ; et dans le dernier un animalcule qui, dans l'œuf, avait résisté à une dessiccation que ne supporte pas l'animalcule éclos.

Les causes complexes qui rendent le phénomène des pseudo-résurrections si inextricable, seront peut-être longtemps encore imparfaitement expliquées. Tout ce que nous pouvons affirmer, c'est que dans une foule de cas, ce sont des jeunes encore dépourvus d'ovaires, et souvent très-petits, qui apparaissent dans le terreau sec lorsqu'on vient à le réhumecter. Les adultes, très-rares, ne semblent pas y résider en nombre suffisant pour expliquer une telle progéniture. Comment donc toute celle-ci est-elle arrivée dans la mousse ? s'y trouve-t-elle à l'état embryonnaire, sous un œuf, ou, comme une chrysalide, sous une enveloppe, qui n'attend pour se rompre que l'influence de l'humidité ?

L'apparition des Anguillules des toits me semble non moins mystérieuse. D'autres sans doute ont été plus heureux ; mais pour moi, je confesse n'en jamais trouver d'assez petites pour qu'elles puissent provenir d'aucune de celles que l'on y rencontre. D'un autre côté, j'ai, à plusieurs reprises, découvert d'énormes œufs renfermant des Anguillules douées de mouvements

extrêmement apparents; et ces œufs étaient tellement
volumineux qu'ils excluaient toute idée qu'ils pussent
provenir des Anguillules des toits elles-mêmes. Étaient-
ce des enkystements? Voilà ce que je ne pourrais dire.
M. Pennetier a aussi observé de semblables nguial-
lules de taille adulte, et qui étaient sous des enveloppes oviformes.

Enfin, trois fois j'ai parfaitement distingué que
des Tardigrades, que je revivifiais, abandonnaient, en
revenant à la vie, une pellicule qui les recouvrait,
comme le fait un insecte parfait qui abandonne son
enveloppe de chrysalide. On reconnaissait très-bien
que c'était là une œuvre laborieuse pour l'animalcule.
L'enveloppe était rejetée en arrière, et on la voyait
enfin nager isolée dans le liquide. C'était un changement de peau. Je n'ai pas reconnu celui-ci sur chaque
animalcule que j'ai revivifié (1).

Un savant a prétendu que c'était une œuvre d'éco-
lier que de distinguer les Rotifères adultes et les
jeunes, et d'en séparer les espèces, la provenance (2).
J'avoue pour moi que parfois la matière est fort ar-
due, et c'est à cause de ses difficultés, que le sujet
a pu être tant et tant diversement exposé ou inter-
prété. Si ce savant pouvait lire ma correspondance,
il verrait que des micrographes, et des plus illustres,
sont loin de partager ses opinions.

(1) Cette pellicule que l'on voyait isolée dans le liquide était excessivement fine et avait été moulée sur tout le corps, car elle
offrait même l'empreinte des griffes. Ma mémoire peut me tromper, mais je ne sache pas que l'on ait encore signalé cette parti-
cularité.

(2) Doyère, *L'Union médicale.* Paris, 1859, p. 555.

Tel Mollusque reste deux anset plus, isolé du monde extérieur et protégé contre l'action dessiccative de l'atmosphère, sans que l'on ait crié au prodige, parce que, lorsqu'on l'écrase, on s'aperçoit ostensiblement qu'il vit sous son enveloppe. Si l'on considère comme extraordinaire ce qui a lieu chez les Rotifères et les autres animaux pseudo-ressuscitants, c'est que, ceux-ci étant infiniment petits, il ne nous a pas été possible d'apprécier l'état de leur intérieur, et nous avons considéré chez eux comme un prodige, ce que nous regardons comme tout naturel chez d'autres. Pourquoi? parce que nos sens se seraient révoltés contre une semblable fable à l'égard des premiers, et que l'école de la merveillosité ne pouvait réussir qu'à l'égard des seconds. Mais tout se passe dans les uns comme dans les autres. Il n'y a qu'une différence dans les proportions.

En étudiant l'effet de la température solaire, nous verrons même que sous le rapport de la résistance vitale, les animalcules pseudo-ressuscitants, qu'on nous a présentés comme offrant un phénomène prodigieux, sont loin de résister aussi efficacement à la dessiccation atmosphérique que le font beaucoup d'autres petits animaux.

Spallanzani avait mis le doigt sur la vérité, et il est étonnant qu'il n'ait pas profité de ses premières révélations. Dans ses recherches sur la reproduction des Rotifères, il reconnut que souvent, lorsqu'il mettait un de ceux-ci dans un verre de montre et qu'il y mourait, cet animalcule possédait à l'intérieur un corps oviforme, qui tantôt y restait et tantôt s'en échappait et nageait dans l'eau. Ce corps oviforme restait-il entier, le liquide n'offrait alors que le cadavre de la mère ; mais, se trouvait-il déchiré, on voyait alors nager avec lui un petit Rotifère qui en était sorti (1).

Tout cela explique les phénomènes que les palingénésistes ont pris pour des résurrections.

L'importance biologique du phénomène de la revivification a passé presque inaperçue dans les œuvres des physiologistes, parce que celui-ci n'a été signalé que sur des espèces infiniment petites : on l'a mentionné comme quelque chose de merveilleux, mais jamais on ne l'a discuté.

Cependant, comme les propriétés générales de l'organisme sont corrélatives, cette prétendue résurrection n'en est pas moins de la plus haute importance. Depuis longtemps celle-ci a été reconnue par quelques hommes du monde, qui se sont fait remarquer par un tact exquis. Dupaty s'exprime ainsi à ce sujet : « Les conséquences qui résultent de cette expérience sont de la dernière importance : elles jettent un grand jour sur la vie et la mort de la matière (2). » Comment se fait-il que les savants aient prêté moins d'attention à ce phénomène, que ne l'ont fait des gens étrangers aux sciences ? Car, en effet, les physiologistes se sont contentés ou de l'accepter ou de le rejeter ; mais je ne sache pas qu'aucun d'eux l'ait discuté à fond ; il en valait cependant bien la peine, car il s'agit tout simplement de savoir si une goutte d'eau est ou non le véhicule de la vie ; si l'hydratation peut restituer le

(1) Spallanzani, p. 246-247.
(2) Dupaty, *Lettres sur l'Italie*. Paris, 1824, t. I, p. 145.

principe vital à des momies d'animaux. C'est évidemment sérieux.

Le plus ardent partisan moderne des résurrections se plaint lui-même du peu d'influence qu'ont eu sur la question, les expériences de Spallanzani(1). Ce fait, qu'il considère comme anormal, ne l'est cependant nullement. Si les expériences de Spallanzani, pas plus que les siennes, n'ont eu aucun résultat final sur cette grande question, c'est que ces expériences, pas plus que les siennes, n'étaient de nature à dissiper les doutes à l'égard d'un fait inouï dans l'organisation, et qui, s'il était positif, renverserait toutes les idées que nous nous faisons de la vie, soit chez les plus volumineux animaux, soit chez les infiniment petits.

L'on peut seulement reprocher aux physiologistes d'être restés à cet égard dans une indifférence coupable.

Dans quelques passages de son œuvre, le savant de Pavie, dominé par une haute raison, compare l'état des animalcules ressuscitants à celui des animaux hivernants ou engourdis par le froid. Mais, quelques pages plus loin, l'amour du merveilleux triomphe et il prétend que ses Rotifères sont absolument secs, et qu'on doit dire qu'ils subissent une *vraie et rigoureuse résurrection*.

Pourquoi donc Spallanzani n'en est-il pas resté à ses premières impressions? Il était dans la voie du vrai ; je regrette ce retour à l'erreur qui me force aujourd'hui à le combattre.

(1) Doyère, p. 21.

Les savants qui se sont occupés des résurrections disent tous avoir revivifié plusieurs fois certains animalcules. M. Davaine assure avoir ressuscité jusqu'à dix à douze fois des Anguillules (1). Spallanzani prétend avoir répété jusqu'à seize fois cette extraordinaire expérience palingénésique. Mais il est à remarquer que toutes ces tentatives ont été faites sur des masses d'animalcules et non sur des individus isolés, de manière que ces assertions sont absolument nulles pour la physiologie positive. Lorsque nous avons, nous, agi sur des individus isolés, jamais nous ne les avons vus ressusciter une seule fois, quand ils étaient absolument secs (2).

Il est évident aussi que toutes les fois que l'on a réussi dans ces sortes d'expériences, c'est que l'on ne mettait pas assez de distance entre elles, et que l'on n'opérait qu'avant qu'ait eu lieu la dessiccation absolue des animalcules ou des œufs qui se trouvaient dans le sable. En expérimentant sous l'influence d'une température de 25° en moyenne, à vingt jours de distance, on n'aura jamais de résurrections sur des individus en nombre déterminé.

Le mouvement vital s'oppose aux réactions physiques et chimiques des parties constituantes de l'organisme; si vous l'interrompez, celui-ci subit bien promptement de profondes altérations qui, à tout jamais, anéantissent, je ne dirai pas le jeu régulier des

(1) DAVAINE, *Recherches sur l'anguillule du blé niellé* (*Mém. soc. de biol.* 1856, p. 235).

(2) C'est-à-dire, quand seulement ils étaient restés plus de vingt jours à sécher à l'ombre en été.

phénomènes de la vie, mais les moindres manifestations vitales.

En vertu d'une force spéciale, l'*hygroscopicité*, les corps organisés retiennent toujours, à l'air libre, une certaine quantité d'eau qui varie selon l'état hygrométrique de l'atmosphère : c'est cette humidité interstitielle que l'on désigne sous le nom d'*eau hygrométrique* ou d'*eau d'interposition*.

Si une éponge imbibée d'eau perdait ce liquide à l'aide de la simple évaporation, on ne verrait dans cet acte qu'un effet purement physique. Il en serait de même, si l'on soumettait cette éponge à l'action desséchante d'une étuve. Et si l'on prolonge l'effet de celle-ci jusqu'au point d'enlever radicalement toute l'eau interstitielle de cette éponge, abstraction faite de son eau de composition : c'est ce que l'on appelle une *dessiccation absolue*.

C'est la même chose que l'on provoque sur les animalcules pseudo-ressuscitants quand on les soumet soit à l'insolation, soit à l'étuve, soit au vide de la machine pneumatique. C'est là un acte qui, comme le fait de l'éponge, rentre absolument dans le domaine des phénomènes physiques, et je ne sais pourquoi un savant lui a appliqué la dénomination de *dessiccation chimique* (1). Il ne se produit dans ce cas aucune réaction moléculaire ; il n'y a là qu'une simple soustraction de l'eau hygrométrique d'un corps organisé.

Je puis me tromper : l'erreur serait pardonnable à un zoologiste, mais je ne sache pas que dans leurs œu-

______

(1) Doyère, *Progrès*, 1859, p. 649, etc.

vres, les chimistes aient regardé ce qui se passe ici comme une opération de leur ressort ; je ne sache pas même que l'on y trouve inscrit le nom de dessiccation chimique. Aussi, jusqu'à plus ample information, dans l'enlèvement de l'eau hygrométrique ou interstitielle des animalcules, je ne verrai qu'une *dessiccation physique*.

Hâtons-nous de dire que tout cela, du reste, ne signifie rien à l'égard du résultat de l'opération. Que la dessiccation des animalcules soit un phénomène chimique ou un phénomène physique, pourvu qu'elle ait été produite radicalement, tout se passe de même : c'est la mort absolue. Si j'ai traité ici ce sujet, ce n'est que pour prémunir le vulgaire contre l'autorité qu'il accorde assez volontiers aux formules scientifiques, qu'elles soient ou non rigoureuses.

L'expérimentateur que nous combattons ne semble voir dans l'exercice de la vie que des combinaisons de chimie ou d'hygroscopie, subordonnées à la coagulation de l'albumine. Ces forces ont bien leur action sur l'état physique des organes ; mais en dehors d'elles, il y a aussi la force vitale, qui est quelque chose qu'on ne manie pas à son gré comme les agents de nos laboratoires. C'est elle qui, une fois envolée, ne se coerce pas dans une goutte d'eau et n'est plus ramenée par aucune puissance humaine ; c'est elle, enfin, que l'hydratation ne saurait rendre aux animaux. Jamais l'eau ne restituera à une momie, je ne dirai pas la vie, mais simplement ses formes et sa texture ; *jamais l'eau ne sera seulement capable de faire revivre une Cellule morte.*

On peut apprécier sur la végétation elle-même la puissance et la limite de l'action de l'eau. Des arbres ayant été oubliés, plusieurs années, dans certains endroits abrités où ils offraient l'aspect de la mort, après les avoir plantés ils ont parfaitement repris. Ce temps n'avait pas suffi pour en produire la dessiccation absolue, et l'on n'a pas crié au miracle. Mais si vous eussiez soumis ces mêmes arbres à l'étuve en les privant de leur eau de végétation, aucun d'eux assurément ne serait revenu. Dans nos animalcules, ainsi que chez ces arbres, les organes retiennent encore l'incommensurable parcelle d'humidité qui leur suffit pour ne pas perdre leur vitalité, et par l'hydratation vous rendrez à l'animal, non une vie qui ne l'a jamais abandonné, mais le fluide qu'il aspirait pour pouvoir l'exercer.

SECTION IV.

EXPÉRIENCES SUR LA RÉSISTANCE VITALE DES ANIMALCULES

PSEUDO-RESSUSCITANTS AUX TRANSITIONS DE TEMPÉRATURE.

Cependant, il faut dire aussi que ces remarquables animaux, voués par la nature à subir les plus brusques transitions de température, les plus hautes comme les plus basses, ont été providentiellement doués d'une remarquable faculté de résister à leurs effets ; mais cette faculté ne va pas jusqu'au prodige, et sans doute que bien d'autres animaux la partagent.

Spallanzani s'était assuré qu'ils résistent à un froid de 18° au-dessous de 0. Dans mes expériences, je les ai vus supporter sans périr 20° au-dessous de la congélation de l'eau. A l'opposé de cela, j'ai reconnu que les Rotifères, qui, parmi les animalcules, offrent la plus grande résistance vitale, supportent parfois, sans périr, une température de 80° de chaleur, pendant une heure ; mais ils meurent tous vers 85 à 90°.

Un autre fait fort remarquable chez ces animaux, c'èst la facilité avec laquelle ils passent des plus basses températures aux plus élevées. Dans des expériences entreprises pour démontrer l'inanité des précautions infinies dont certains savants entravent l'expérimentation, j'ai vu fréquemment des Rotifères et des Tardigrades sauter brusquement 100° de température, sans que leur pseudo-résurrection fût le moins du monde entravée, et sans que rien indiquât en eux qu'une si brusque transition de température les eût affectés en quoi que ce soit.

EXPÉRIENCE. — Cinquante centigrammes de terreau contenant une notable quantité d'animalcules ressuscitants, des Rotifères et des Tardigrades, furent introduits dans un tube mince que l'on plongea ensuite dans un mélange frigorifique. Un thermomètre placé dans ce tube marquait 20° au-dessous de 0 ; c'était par conséquent cette même température que subissaient les animalcules. Après avoir laissé le tube une heure dans cette situation, pour équilibrer sans conteste la température, on jeta subitement les animalcules refroidis sur la boule d'un thermomètre, marquant 80° dans une étuve. Celle-ci fut fermée et les animalcules restèrent quinze minutes en contact avec cette température. Après cette seconde phase de l'opération, on humecta le terreau qui venait d'éprouver de si extrêmes degrés de froid et de chaud, et au bout de six heures on reconnut qu'il était animé par une abondante population d'animalcules vivants.

Cette expérience, que j'ai souvent répétée, réussit toujours. On l'exécute presque sans perdre d'animalcules, si l'on opère à une température un peu inférieure, 80° étant déjà au-dessus du terme que quelques animalcules peuvent supporter.

En présence de ces expériences, que devient cette fantasmagorie expérimentale que l'on veut nous imposer ?

SECTION V.

EXPÉRIENCES SUR LES PSEUDO-RÉSURRECTIONS

PREMIÈRE SÉRIE. — ANIMALCULES VIVANTS DESSÉCHÉS A L'OMBRE.

M. Doyère considère la reviviscence des animalcules qui nous occupent comme parfaitement établie, d'après les expériences de Spallanzani et les siennes (1). Nous nions absolument ce fait.

Nous venons poser la question en termes précis : nous prétendons que tout animalcule desséché est absolument mort, et nous le prouvons par des expériences précises.

Si nos adversaires ont assuré le contraire, c'est qu'ils n'expérimentaient pas sur des animaux absolument secs.

D'autres savants partagent nos convictions. Dans un passage de ses œuvres, Bory de Saint-Vincent en parlant de ses essais palingénésiques, avoue n'avoir jamais pu, quelques précautions qu'il ait prises, rappeler à la vie les animalcules qui l'avaient

(1) *Mémoire sur les Tardigrades*. Chap. I. Sur la faculté que possèdent les tardigrades, les rotifères et les anguillules des toits et quelques autres animalcules, de revenir à la vie après avoir été complètement desséchés. (*Ann. des sc. nat.*, Zoologie. 1842.)

une fois perdue. « Si, dit-il, quelques observateurs,
« et Spallanzani entre autres, ont cru faire revenir
« des animalcules et surtout des Rotifères en les
« remouillant, c'est qu'il était resté assez d'humi-
« dité dans ces animaux pour qu'ils ne fussent pas
« morts tout de bon (1). »

M. Doyère cite comme un fait fondamental de
reviviscence, des animalcules qui, après être restés
quatre jours sous la machine pneumatique se sont ranimés aussitôt qu'on les a réhumectés (2). Il n'y a rien
là d'étonnant. Et rien ne prouve que ce temps suffit
pour dessécher absolument ces Microzoaires. Nous
en voyons se ranimer après un temps beaucoup plus
long sans que nos convictions changent. N'avons-
nous pas vu que d'autres animaux restent parfois
plusieurs années ratatinés sous leur enveloppe protectrice, sans périr. Et pourquoi donc vouloir trouver
extraordinaire chez les Rotifères et les Tardigrades
ce qui nous semble si naturel chez d'autres êtres?

1° Procédé expérimental.

Récolte et dessiccation.

Les naturalistes qui observent beaucoup d'Infusoires savent combien leur détermination est diffi-
cile : aussi, pour lever tous les doutes à cet égard,

(1) Bory de Saint-Vincent, *Encyclopédie méthodique*, art. Vi-
brion, où il adopte les idées de Dugès. — Voir Dugès, *Traité de
physiologie comparée*, t. I, p. 37-460.

(2) Doyère, *Progrès*. 1839, p. 704.

je me suis adressé à Ehrenberg. Ayant envoyé dans une lettre une pincée de sable provenant des gouttières de la cathédrale de Rouen, l'illustre zoologiste de Berlin, par l'humectation a, comme il le dit lui-même, *ressuscité mes animalcules qui n'étaient pas morts*, et il a reconnu que les Rotifères étaient presque tous le *Callidina triodon*, et les Tardigrades le *Macrobiotus Hufelandii*.

Ainsi donc telles sont, une fois dites pour toutes, les espèces sur lesquelles nous expérimentons : après une telle autorité il ne saurait y avoir de doutes.

L'expérience du sable desséché dans lequel on fait apparaître des animalcules vivants est absolument insignifiante, et cependant c'est elle que les résurrectionnistes offrent sans cesse à la curiosité générale depuis plus d'un siècle.

Une première condition, pour constater qu'un animal est ressuscité, c'est qu'on l'ait d'abord vu vivant. C'était ce que l'on ne faisait pas précédemment, et à ce sujet j'ai, je pense, tracé la marche rigoureuse que l'expérimentation doit suivre.

Il faut d'abord voir l'animal vivant, — le voir mort, — et ensuite le voir ressusciter.

Ce programme que j'ai exposé a fait gémir les adeptes de la palingénésie ; et cependant il est impossible de s'en écarter quand on veut opérer rigoureusement. Sans cela on peut considérer comme ressuscitants des animalcules qui n'ont encore jamais vécu, et qui ne font que naître au milieu d'une génération expirante.

C'est pour nous conformer à ce programme que

nous avons opéré de la manière qui suit. On va voir que ce qui caractérise nos expériences, c'est leur extrême simplicité. Chacun peut les répéter.

On arrache de la mousse sur un toit, en enlevant avec elle le terreau sur lequel elle croît. Presque toujours cette mousse contient un certain nombre de Rotifères, d'Anguillules et de Tardigrades. Nous nous sommes servi, dans la plupart de nos expériences, de touffes de mousse que l'on recueillait dans les gouttières de notre cathédrale ou sur les toits de l'un de nos hôpitaux.

Le procédé pour obtenir des animalcules est fort simple. Nous imbibons légèrement le terreau de notre mousse, et en pressant celle-ci faiblement avec nos doigts, nous en faisons sortir une goutte d'eau que nous recevons dans un verre de montre. Cette goutte d'eau, quand la mousse est peuplée d'un certain nombre d'animalcules, en renferme toujours quelques-uns. On reconnaît ceux-ci à l'aide du moindre microscope, et on les compte exactement.

On voit que notre procédé est infiniment simple, et que, loin de léser nos animalcules, nous les traitons avec beaucoup plus de douceur que nos critiques : nous, nous ne les touchons même pas.

Ceci exécuté, si le terreau entraîné par la gouttelette d'eau ne nous paraît pas assez abondant, pour nous conformer aux indications de Spallanzani, nous laissons tomber sur l'eau quelques parcelles de sable. Celui-ci est l'objet d'une grande attention de notre part, afin que l'on ne puisse pas prétendre que sa composition a agi sur les animalcules. Nous le choisissons d'abord le plus pur possible. Ensuite nous le chauffons au rouge ; puis nous le soumettons à l'action de l'acide chlorhydrique. Après, il est amplement lavé, séché et passé au tamis de soie.

Le nombre des animalcules ayant été enregistré, la date et la température notées, nous recouvrons le verre de montre d'un autre verre ; et afin que la dessiccation soit plus lente, nous plaçons sous une petite cloche et à l'ombre, ces verres de montre accolés.

Spallanzani proclame qu'il est de règle fondamentale d'opérer avec du sable ; le résultat de ses expériences fut toujours, dit-il, que *les animalcules ne reprirent jamais la vie que lorsqu'ils étaient dans des lieux où il y en avait assez* (1). Deux observateurs dont le physiologiste de Pavie fait le plus grand cas, le R. P. Giuseppe Campi de Milan, et l'abbé Roffredi, ont aussi considéré cette adjonction de sable comme indispensable. Mais aujourd'hui tout est changé, et M. Doyère prétend qu'en laissant les animalcules se dessécher *à nu* on réussit presque aussi bien. Cet observateur explique cette énorme dissidence entre lui et ses devanciers, en attribuant leurs insuccès à ce qu'ils ne desséchaient pas assez lentement les animalcules, ou à ce qu'ils ne les laissaient pas assez de temps s'humecter. Il pense qu'il faut alors attendre un à deux jours pour voir ceux-ci reprendre vie.

Cette assertion est fort étrange, car toujours, *à priori*, on juge assez bien si les animalcules se rani-

(1) SPALLANZANI, p. 218.

meront ou non ; et dans tous les cas, après six heures d'imbibition, on distingue toujours ceux qui reprennent leurs mouvements de ceux qui s'endosmosent.

2° Procédé expérimental.

Hydratation.

Jusqu'à ce jour, l'hydratation des animalcules pseudo-ressuscitants avait été pratiquée d'une manière fort simple : les expérimentateurs se contentaient de mettre une gouttelette d'eau sur les individus qu'ils voulaient rappeler à la vie. **M.** Doyère n'employait pas lui-même d'autre procédé ; mais dans son dernier mémoire, ce savant dit s'être assuré que la réhumectation brusque détruit la reviviscence. Et il dit que, ce à quoi il s'applique surtout, c'est à ne rendre que, graduellement l'humidité aux animalcules. Il ne les mouille actuellement qu'après les avoir préalablement exposés à l'air libre durant un jour, et durant un autre jour dans une atmosphère saturée d'humidité.

En songeant aux procédés qu'emploie la nature, soit sur les toits, soit dans les gouttières, pour y opérer les pseudo-résurrections, j'ai réellement pensé que ces précautions infinies devaient être superflues. En voyant le résultat de mes expériences, dans lesquelles les animalcules franchissent brusquement 100 degrés de température et sont immédiatement revivisibles, j'en ai été parfaitement convaincu.

Cependant comme on m'avait accusé de *foudroyer*

les animalcules en les desséchant trop vite, je n'ai pas voulu qu'on prétendît que je les *noyais* en les humectant brusquement. Mais tout en évitant ce nouveau crime, et en me conformant aux prescriptions sacramentales, je n'en ai pas moins vu les animalcules périr et bien périr à l'ombre, en peu de jours ; et dans l'étuve, à une température moindre de 100 degrés, en quelques minutes.

De l'assentiment de tous les résurrectionnistes, on distingue très-bien les Rotifères qui doivent ressusciter de ceux qui sont bien morts. C'est parfaitement vrai, parce que, ainsi que nous l'avons dit, ceux qui doivent ressusciter sont encore hydratés et que les fluides qui restent dans leurs tissus les rendent transparents ; tandis que ceux qui sont réellement morts étant réellement à l'état de dessiccation, sont d'un jaune opaque.

C'est là tout le mystère.

Voici textuellement ce que dit Spallanzani, relativement au temps qu'exige la reviviscence des animalcules : « J'ai trouvé qu'au bout de quatre minutes, après qu'on a mouillé le sable, il y en a qui commencent à s'animer, que la vie se répand ensuite chez un plus grand nombre, et qu'après une heure tous les Rotifères sont animés (1). » Et le savant de Pavie prétend même qu'il n'existe pas de différence sensible, pour le retour à la vitalité, entre les animalcules qui ne sont restés à sec que quelques heures et ceux qui y sont depuis des années entières (2).

(1) Spallanzani, *Opusc.*, t. II, p. 215.
(2) *Id.*, p. 216.

Tout cela n'est donc qu'une duperie, à moins qu'aujourd'hui la résurrection n'ait subi les vicissitudes de l'anatomie de Sganarelle, puisque M. Doyère veut qu'on ne fasse arriver que de la vapeur d'eau d'abord pendant une journée, et qu'on attende ensuite quatre à cinq jours près des cadavres avant de se pro·noncer (1).

Lequel de ces deux expérimentateurs est dans le vrai?

La palingénésie a eu ses langes et son apogée; nous sommes arrivés à cette dernière et suprême époque; mais ce qui restera toujours inexplicable pour ma faible intelligence, c'est comment ont pu réussir les adeptes de l'enfance de l'art, sans employer des procédés que les propagateurs de l'art moderne regardent aujourd'hui comme l'exclusive condition du succès. J'avais foi en Spallanzani, et il me semblait que s'il pouvait se tromper il était incapable de mensonge. Spallanzani est donc un imposteur et ses disciples un ramassis de fourbes, puisqu'ils nous annoncent des phénomènes que leurs continuateurs frappent de nullité! Ils prétendent avoir vu des résurrections; mais, c'est faux, puisqu'aujourd'hui leurs procédés sont convaincus d'impuissance! Où donc siége la vérité au milieu de ce dédale inextricable?

---

(1) Je ne les mouille, dit-il, qu'après leur avoir fait passer une journée à l'air libre, et un autre jour dans une atmosphère saturée d'humidité. (*Progrès.* 1859, p. 734.) Dans un autre endroit, ce savant dit que la réhumectation peut durer quatre et cinq jours. (*Progrès*, p. 706.)

POUCHET. *Anim. ress.*   4

3° **Résultat des expériences.**

Chiffres.

En nous conformant strictement aux minutieuses précautions que nous avons indiquées, soit pour la récolte, soit pour la dessiccation, soit pour l'imbibition des animalcules pseudo-ressuscitants; en mettant des animalcules *vivants* dans des verres de montre, soit des Rotifères, soit des Tardigrades, soit des Anguillules; en y ajoutant ou non un peu de sable, et en exposant ces verres de montre à l'ombre, à une température moyenne de 25°, jamais nous n'avons vu survivre un seul de ces animalcules au delà de vingt jours. Pour la plupart ils meurent avant.

Les Anguillules périssent les premières ; les Tardigrades après, et enfin arrive la mort des Rotifères. Ceux-ci ne dépassent que fort rarement le douzième jour à la température que nous avons mentionnée. Le cinquième, presque tous sont déjà morts, et le douzième semble le terme absolu de leur existence. Si alors on en rencontre encore de vivants, ils ne se raniment qu'incomplétement; on voit leurs mâchoires se mouvoir et quelques mouvements intestinaux se produire, mais ce dernier effort de la vie ne dure que peu d'instants; ils meurent définitivement quelques minutes après.

Ce n'est que par exception que j'en ai parfois rencontré un qui était resté en vie jusqu'au seizième jour : voilà pourquoi, pour éviter toute contestation, nous avons porté la limite de la vie à vingt jours, quoique jamais nous ne l'ayons constatée au delà du seizième.

Nous avons répété nos expériences sur ce sujet plus de cent fois : le tableau qui se trouve à la fin de cet écrit donnera le sommaire d'un certain nombre de celles-ci. (*Tableau* n° 1.)

Si l'on opérait à des températures plus basses et par conséquent moins desséchantes, il est évident que l'on pourrait ne pas obtenir les mêmes résultats que nous; mais peu de jours de plus seulement suffiraient, à n'en pas douter, pour arriver à la dessiccation parfaite, et par conséquent à la mort absolue, surtout si l'atmosphère était sèche.

SECTION VI.

EXPÉRIENCES SUR LES PSEUDO-RÉSURRECTIONS.

DEUXIÈME SÉRIE. — ANIMALCULES VIVANTS DESSÉCHÉS AU SOLEIL.

Dans la série d'expériences que j'ai entreprises pour connaître quelle serait la résistance vitale des animalcules en exposant ceux-ci à la chaleur solaire, je me suis aussi entouré des plus strictes précautions.

J'ai d'abord laissé les animalcules se dessécher peu à peu à l'ombre pendant huit jours, et quand, au bout de ce temps, j'ai eu la conviction qu'ils étaient assez secs, je les ai exposés à l'insolation — mais celle-ci ne leur a été donnée que successivement. Afin d'éviter de nouvelles récriminations, ce n'est qu'avec une grande lenteur que j'ai livré mes Microzoaires à l'action directe du soleil. Le vase qui les contenait était recouvert de plusieurs écrans, et ceux-ci n'ont été enlevés que successivement, de façon à n'abandonner les animalcules à toute l'ardeur de l'astre, qu'après plusieurs jours.

Dans les vases qui, dans mon laboratoire, contenaient mes plaques de verre ou mes verres de montre remplis d'animalcules, la température a souvent atteint de 50 à 58 degrés vers midi, et la nuit elle descendait à 22 degrés.

Ce que j'ai remarqué en général, et ce à quoi on devait s'attendre, c'est que les Rotifères, les Tardigrades et les Anguillules ont été desséchés, et par conséquent sont morts, plus rapidement qu'à l'ombre : souvent quatre à dix jours d'insolation ont suffi pour les tuer.

Je n'en ai jamais rencontré de vivants au delà du douzième.

Le tableau annexé à cet écrit pourra donner le détail de quelques-unes de nos expériences sur ce sujet et fixer strictement la limite de la reviviscence.

Les œufs, les larves et les animalcules contractés paraissent fort loin de conserver leur vitalité aussi longtemps qu'on l'a généralement dit et répété partout. Si l'on observe la reviviscence sur des individus conservés dans une masse assez considérable de terreau, et si celle-ci est placée à l'ombre, l'hygroscopicité de ce terreau y entretient assez d'humidité, soit peut-être pour que certains individus s'y reproduisent, soit pour empêcher tous les autres de subir une profonde dessiccation, soit enfin pour conserver très-longtemps des œufs. Alors on peut observer de fréquentes pseudo-résurrections dans ce même terreau.

Expérience. — Mais si, comme j'en ai fait l'expérience, à l'aide d'un tamis, on étale une couche excessivement mince de ce terreau sur une lame de verre et qu'après l'avoir recouverte d'une cloche on l'abandonne au soleil ; lorsqu'un certain nombre de jours s'est écoulé, cette poussière, qui avait été préliminairement explorée et que l'on avait reconnue renfermer beaucoup d'animalcules, devient absolument stérile.

Dans plusieurs expériences tentées durant les mois de juin et de juillet, et dans lesquelles la couche mince de terreau a souvent subi une température de 50 à 55 degrés au soleil de midi, après six semaines nous ne rencontrions plus que des cadavres de Rotifères, de Tardigrades et d'Anguillules, et jamais nous n'avons pu ressusciter un seul de ceux-ci, en donnant à l'hydratation une extension considérable, quatre jours. Nous retrouvions alors tous les cadavres soit endosmosés, soit contractés et opaques.

Cette expérience, si simple, ne suffit-elle pas pour démontrer que la dessiccation réelle tue absolument les animalcules?

Cette expérience ne vient-elle pas aussi prouver, d'une manière évidente, que les animalcules pseudo-ressuscitants sont immensément loin de conserver leur reviviscence autant de temps qu'on le répète journellement.

Une observation nous a même prouvé qu'au muséum de Rouen, la puissance de révivification des animalcules s'anéantissait beaucoup plus promptement qu'ailleurs. Nous avions un tas de terreau, assez considérable pour remplir un verre à champagne. Ce terreau était peuplé d'une multitude de Rotifères. Chaque pincée en produisait une dizaine de vivants, au bout de quelques minutes. A une température d'été en moyenne de 22 degrés, nous avons vu peu à peu le nombre des résurrections diminuer dans ce tas de ter-

reau conservé dans une grande capsule en verre recouverte d'une lame de cristal. Au bout de trois mois
beaucoup de Rotifères étaient déjà morts et desséchés,
et les reviviscences ne s'opéraient que beaucoup plus
lentement.

Ainsi que le dit Liebig, avec une profonde raison,
toutes les substances organiques attirent avec beaucoup d'avidité l'eau de l'atmosphère (1). C'est justement à cause de cette abondance de l'eau hygrométrique que retiennent ou qu'absorbent les mousses des
toits ou leur détritus, que les animalcules se conservent si longtemps sans se dessécher, soit sur les toits,
soit dans nos laboratoires.

Comment donc, en présence de tels faits, expliquer
ce que disent certains observateurs à l'égard du sable
de gouttière, dans lequel, après plusieurs années, on
découvre encore des animalcules qui ressuscitent?

(1) Liebig, *Instruction sur l'analyse des corps organiques.* Paris,
1838, p. 4.

SECTION VII.

EXPÉRIENCES SUR LES PSEUDO-RÉSURRECTIONS.

TROISIÈME SÉRIE. — RÉSISTANCE DES ANIMALCULES AUX TEMPÉRATURES
ÉLEVÉES.

Spallanzani porte à 56 degrés Réaumur, la température que les Rotifères peuvent subir sans périr; au delà, selon lui, ils meurent. Ce savant ne les soumettait même à ce degré de chaleur que pendant deux à trois minutes. Il est évidemment au-dessous du vrai.

Spallanzani avoue lui-même que les Rotifères ressuscités meurent lorsqu'on les expose à une chaleur de 36 degrés. Il était là dans la bonne voie, c'est-à-dire qu'il opérait sur des animaux qu'il avait vus vivants; et alors ils ne ressuscitaient pas, parce que là il ne pouvait être trompé par aucune des causes d'erreurs inhérentes aux expériences sur ce sujet.

M. Davaine a reconnu que les Anguillules de la nielle ne jouissent pas de l'avantage de pouvoir braver de hautes températures. Dans son remarquable mémoire sur ces animalcules, ce savant dit qu'ils périssent vers 70° au-dessus de zéro. Spallanzani prétendait que 50° suffisaient pour tuer les Anguillules des toits.

M. Doyère porte beaucoup plus haut que Spallanzani

ne le fait, le degré de chaleur que les Rotifères et les Tardigrades peuvent supporter sans périr. Il prétend qu'on peut les chauffer jusqu'à 120 et même 150° centigrades, sans qu'ils perdent la faculté de ressusciter lorsqu'on les réhumecte (1). Il est seulement à regretter qu'il existe une lacune inexplicable dans cette assertion ; c'est que l'expérimentateur n'ait pas dit combien de temps ces animalcules supportaient cette extraordinaire température.

La seule expérience que M. Doyère ait faite sur la température que peuvent supporter les animaux ressuscitants, est rapportée par lui-même dans les termes suivants : « Si l'on prend des mousses desséchées jusqu'à ce que vingt-quatre heures d'exposition dans le vide ne leur fassent plus perdre de leur poids et qu'on en entoure la boule d'un thermomètre placé dans une étuve, on peut élever la température de l'étuve jusqu'à ce que le thermomètre marque 120°, sans que tous les animalcules que les mousses contiennent perdent la faculté de revenir à la vie. Toutefois le nombre des ressuscitants diminue à mesure que la température approche du terme qui vient d'être indiqué. »

Telle est la narration fidèle de l'expérience que M. Doyère et quelques savants, ont considérée comme fixant, sans réplique, la résistance vitale des animalcules aux températures élevées. Pour nous, il nous semble que la physiologie du dix-neuvième siècle est en droit, avant d'accepter un tel fait, d'exiger des garanties expérimentales beaucoup plus sévères.

(1) Doyère, *Mémoire sur la revivification.* (*Progrès.* 1859, t. III, p. 732.)

Une telle précision ne paraît pas suffisante à l'école des naturalistes du Muséum de Rouen, comme l'appelle notre antagoniste : il faut à celle-ci une bien autre rectitude expérimentale. Nous demanderons toujours pourquoi inutilement employer des mousses qui, étant fort hygroscopiques, sont naturellement une cause d'erreur dans l'opération ; enfin, nous prétendons qu'une telle appréciation n'a pas la moindre valeur scientifique. Entourer de mousse la boule d'un thermomètre, et plonger celui-ci dans une étuve où il indique bientôt une température de 120°, ce n'est nullement prouver que toutes les parties du terreau que lient les racines de cette mousse, mauvais conducteur du calorique, ont acquis seulement les deux tiers de cette température. Si même le thermomètre est très-sensible et que quelques points de sa boule restent à nu, le mercure rapidement influencé aura acquis 120°, longtemps avant que l'intérieur des fragments du terreau soit à 70 ou 80°. Alors rien d'extraordinaire qu'il y ait des animalcules vivants dans les mousses.

M. Doyère assure même avoir trouvé un Rotifère vivant dans *un paquet* de mousse qu'il avait porté à 153°. Mais il avoue que dans cette circonstance il n'a pris la température que du bain d'huile qui entourait l'étuve. C'est assez dire que dans ce cas nous aurions encore de bien autres remarques critiques à faire que précédemment.

Je sais qu'en expérimentant récemment M. Doyère n'a pas fait usage de *paquets* de mousse disposés autour de la boule des thermomètres. Mais pourquoi donc à une époque voulait-il absolument nous forcer à répéter des expériences dont il abandonne lui-même les traditions? M. Pouchet, disait-il dans tous les journaux, n'a même pas répété mes expériences ! Mais on s'en serait bien gardé au Muséum de Rouen, et l'événement prouve que l'on avait raison, puisque M. Doyère lui-même suit actuellement d'autres routes.

Cet observateur, dont nous sapons de fond en comble les illusions, a prétendu que nos insuccès dépendaient de ce que nous soumettions les animalcules à une *dessiccation foudroyante* : c'est l'expression toute pittoresque dont il s'est servi (1). C'est tout le contraire, car nous les pénétrons de chaleur avec beaucoup plus de lenteur qu'il ne le fait lui-même. Mais fussions-nous coupable de cette fraude, que nous lui répondrions que cela n'y ferait absolument rien. En effet, n'avons-nous pas prouvé plus haut, qu'on peut faire subitement sauter 100° de température aux Rotifères et aux Tardigrades, sans qu'ils perdent pour cela leur prétendue faculté ressuscitante ?

Voici comment nous procédons à l'égard de nos expériences sur la résistance vitale des animalcules aux températures élevées.

Nous n'employons pas de mousses, celles-ci nuisant à la précision de l'opération. Nous prenons d'abord une certaine quantité de ces plantes et nous les mettons sécher à l'ombre sur une grande plaque de verre. Quand au bout d'environ huit jours, elles sont autant desséchées qu'elles peuvent l'être à l'air libre, nous plaçons ces mousses au soleil afin de leur faire subir

(1) *Union médicale.*

encore une dessiccation plus parfaite. Quand il s'est de nouveau écoulé huit jours, nous égrenons légèrement, sur un tamis de soie, le terreau qui enveloppe leurs racines et nous le tamisons.

A l'aide de ce procédé nous obtenons une poussière extrêmement fine, homogène, dépouillée presque absolument de débris de mousse et dans laquelle les animalcules se trouvent disséminés d'une manière assez uniforme.

Ensuite, dans le but de rassurer nos antagonistes, qui ne manqueraient pas de dire que nous blessons, que nous écorchons les animalcules en les forçant à traverser les mailles de nos tamis, nous nous assurons qu'ils les traversent sans la moindre lésion. A cet effet, nous nous bornons à mettre quelques parcelles de cette poussière dans de l'eau, et au bout de peu de minutes on peut constater des pseudo-résurrections.

Ceci étant parfaitement établi, nous soumettons cette poussière à une étuve de notre invention qui offre de grandes commodités pour les expériences sur les animalcules.

Cette étuve se compose d'une gouttière en cuivre rouge, de 50 centimètres de longueur sur 10 de largeur et 2 de profondeur. Le fond de cette gouttière est recouvert d'une plaque en verre mobile, sur laquelle on pose horizontalement un thermomètre. L'appareil est recouvert d'une lame en verre, pour qu'on puisse, à chaque instant, apprécier la température qu'accuse ce thermomètre; cette étuve, soutenue par deux pieds en métal, est chauffée à l'une de ses extrémités par une petite lampe.

Le terreau contenant les animalcules reviviscibles est placé sur la boule du thermomètre même; et l'on chauffe l'appareil à l'aide de la lampe, en partant du maximum de température solaire qu'a déjà subie la poussière. Je pars souvent de 50°, et je dirige l'opération de manière à ne jamais élever la température que de 5° par heure, afin que l'on ne me reproche pas d'opérer trop rapidement la dessiccation. L'appareil se chauffe avec tant de précision que le thermomètre n'oscille jamais entre trois degrés, et l'on augmente successivement la température en avançant successivement vers la lampe la plaque de verre mobile sur laquelle repose le terreau.

En partant de la température du soleil à laquelle mes animalcules ont été enlevés, si celle-ci est de 50°, pour élever les animalcules et l'étuve à 100° à raison de 5° par heure, il me faut dix heures. M. Doyère ne met qu'une à deux heures pour arriver à ce terme. Après m'avoir accusé de *foudroyer* mes animaux (sans qu'il connût le moins du monde mon procédé opératoire), maintenant va-t-il prétendre que j'agis avec une lenteur coupable?

Ce reproche, mais il ne peut nous être adressé par nos adversaires; car eux, qui prétendent agir sur des animalcules *chimiquement secs*, doivent accepter que quelle que soit la durée de cette température de 100°, elle ne peut plus les modifier, surtout lorsqu'ils ont été jusqu'à soutenir que 120 et même 150° pouvaient être supportés sans anéantir la vie.

Je pense que la chaleur, dans le cas dont il s'agit, est un moyen plus efficace que le vide, voilà pourquoi j'ai écarté celui-ci. Liebig et Mitscherlich n'emploient pas eux-mêmes d'autre moyen pour dessécher les substances organiques ; et c'est ordinairement de l'étuve à eau bouillante qu'ils se servent (1). Mais nous nous sommes borné à substituer à celle-ci une étuvesèche qui nous permet d'obtenir des degrés de température aussi variés que fixes. Ce n'est en quelque sorte qu'accessoirement, que les premiers de ces chimiste ajoute que l'on peut employer le vide à *l'aide d'une température croissante,* pour les substances qui retiennent l'eau avec beaucoup d'opiniàtreté (2). Employer le vide sans cette élévation de température, ne nous paraît nullement plus efficace que la simple chaleur, pour enlever l'eau hygrométrique du terreau et des animalcules.

Liebig, dans son travail sur l'analyse des corps organiques, ne parle nullement même de machine pneumatique et du vide avec l'acide sulfurique. Il parle seulement du vide qui se fait à l'aide de petites pompes pendant que les substances chauffent à 100°. Je conçois alors que ce moyen puisse être efficace dans des cas extraordinaires. Mais le vide à la température normale, n'est pas plus énergique que l'étuve.

Voici l'appareil dont on se sert à cet effet dans les laboratoires, et qu'il eût fallu rationnellement que M. Doyère employât, puisqu'il prétend que la résurrection des animalcules est d'autant plus assurée que

(1) C'est cette étuve contre laquelle M. Doyère a tant tonné, en essayant de réfuter les expériences de M. Tinel, qui sont si accablantes pour lui. (Comp. *Union médicale.* 1859.)

(2) LIEBIG , *Instruction sur l'analyse des corps organiques.* Paris, 1838, p. 4.

la dessiccation est plus parfaite. Nous empruntons la
figure de cet appareil au Traité de M. Poggiale.

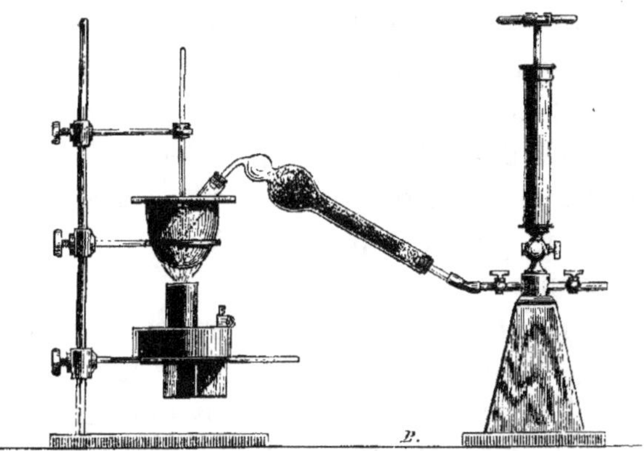

Fig. 1.

Si la palingénésie était dans la sphère des possibi-
lités biologiques, en abondant dans le sens de notre
adversaire, ce serait après l'épreuve d'un tel appareil
que l'on pourrait réellement faire supporter aux animalcules, ainsi qu'il le prétend, des températures de
120 à 150°. Mais ce naturaliste s'est bien gardé d'employer un moyen aussi énergique.

L'auteur du plus remarquable ouvrage que nous
possédions sur l'analyse chimique, M. Poggiale, en
traitant de l'analyse des corps organisés, condamne en
quelques mots le procédé suivi par M. Doyère : *Le plus
souvent*, dit M. Poggiale, *le concours de la chaleur est
nécessaire pour obtenir une dessiccation complète ;
pour cela on chauffe la matière organique au bain-marie ou dans une étuve à courant d'air* (1). Pour nous,

(1) POGGIALE. *Traité d'analyse chimique*. Paris, 1858, p. 429.

comme on le verra, nous avons cru devoir nous conformer à cette sentence en suivant le cours de nos expériences, celles-ci nous ayant ultérieuremunt éclairé sur la nullité du rôle que l'on a fait jouer dans cette circonstance à la coagulation de l'albumine.

M. Poggiale dit même que ce n'est que dans le cas ou la matière à dessécher peut être altérée par le contact de l'air atmosphérique, qu'il faut employer le vide de la machine pneumatique; ce n'est pas le cas de nos animalcules.

Tantôt j'ai expérimenté sur du terreau fécond en animalcules reviviscibles, et tantôt sur des animalcules recueillis vivants et placés dans des verres de montre où ils avaient été préalablement desséchés lentement : les résultats ont été absolument les mêmes.

Ce qui précède a démontré que les animalcules pseudo-ressuscitants étaient fort peu affectés par les brusques transitions d'habitat ; ainsi, quand ils peuvent encore être rappelés à la vie, le procédé de Spallanzani suffit. Il ne s'agit que de laisser tomber une goutte d'eau ordinaire sur le lieu où ils sont, et bientôt on les voit reprendre leurs mouvements. Mais un expérimentateur ayant prétendu que le succès des résurrections dépendait de l'intelligence avec laquelle on pratique l'hydratation, j'ai suivi ses procédés. Après l'étuve, je laisse les animalcules à l'air une journée ; je les mets une autre journée sous des cloches en verre dont l'air est saturé de vapeur d'eau, et ce n'est qu'après que je les imbibe avec une goutte d'eau, mais, malgré toutes ces précautions, quand mes ani-

malcules sont réellement secs, jamais je n'en vois un
seul revenir à la vie.   .

Cependant, jamais je n'emploie d'eau distillée. Je
suis en cela Spallanzani qui n'en employait pas, et il
avait raison. C'est un non-sens expérimental dans le
cas qui nous occupe, où l'eau aérée doit être plus
propre à la respiration des animalcules que l'on
veut revivifier que de l'eau qui a subi la distillation.
Je me contente de filtrer l'eau, pour être certain qu'elle
ne contient pas d'animalcules étrangers, susceptibles
d'apporter quelque perturbation dans l'opération.

C'est en me servant de mon étuve de précision,
que je suis arrivé à reconnaître que, loin de résister à
une température de 120 à 150°, comme on l'a dit,
aucun animalcule ne peut, au contraire, subir, sans
périr, une chaleur de 100°.

Dans aucune de mes expériences, qui ont été fort
nombreuses sur ce sujet, et que l'on pourrait compter
par centaines, car elles ont été continuées sans interruption pendant trois mois au Muséum de Rouen,
j'ai toujours reconnu que les Rotifères, qui sont les
plus vivaces des animalcules pseudo-ressuscitants, pé-
rissaient constamment vers 85 à 90° centigrades. Les
Tardigrades, qui résistent moins qu'eux, meurent tous
à la température de 80 à 85° ; et enfin les Anguillules
vers 75°.

D'après cela je poserai donc comme une loi, qu'il
est impossible qu'aucun de ces animalcules subisse
une température de 100° durant 30 minutes. Je porte
cette température au delà du terme réel de la vitalité afin que l'on ne m'accuse pas d'être au-dessous

de la vérité, car bien en deçà tous les animalcules sont morts. Je n'en ai jamais vu un seul vivant lorsque la température dépassait 90°.

Ainsi que la structure des Microzoaires le faisait présager à l'avance, ce sont les Anguillules qui succombent les premières ; puis, après, les Tardigrades ; ce n'est qu'à une température bien plus élevée et après un temps beaucoup plus long, que meurent les Rotifères, phénomène qu'il n'est pas besoin de dire qu'ils doivent à la faculté qu'ils ont de se contracter en faisant rentrer au dedans leurs anneaux.

Les Tardigrades, que l'on avait représentés comme presque incombustibles, sont donc beaucoup moins vivaces que les Rotifères.

A l'aide d'expériences dans lesquelles ont régné autant de précision que de bonne foi, deux personnes de Rouen, M. le docteur Tinel, professeur suppléant de physiologie à l'École de médecine et M. G. Pennetier, aide-naturaliste, sont absolument arrivés aux mêmes résultats que moi. Le premier n'a jamais vu de Tardigrades résister à la température de 100°, loin s'en faut, en les chauffant à l'aide de l'eau en ébullition. Le second a reconnu que les Anguillules succombaient rapidement à des températures encore plus basses, et que jamais aucune d'elles ne résistait à une chaleur de 75° (1).

On s'est ingénié à trouver une corrélation entre la résistance vitale des animalcules aux températures élevées et les propriétés chimiques de l'albumine. On

_____

(1) Tinel, Note adressée à l'*Union médicale*. — Pennetier, Mém. adressé à la Société de Biologie. Juillet, 1859.

a considéré comme le terme de la vie le degré de chaleur auquel se coagule l'albumine hydratée, et l'on a soutenu que c'était à la dessiccation parfaite des Tardigrades et des Rotifères, que l'on devait cette incombustibilité dont on les a dotés : l'albumine sèche, disait-on, pouvant supporter, sans s'altérer, une bien plus haute chaleur que l'albumine hydratée.

Selon M. Doyère ce serait de 50 à 60°, et d'après M. Ch. Robin à 60°, que s'opère la coagulation de cette albumine (1).

Conséquemment à ces données, toutes les fois que l'on soumettra un animalcule pseudo-ressuscitant à une température dépassant 60°, si celui-ci n'a pas subi l'épreuve de la dessiccation chimique (2), nécessairement, son albumine étant encore hydratée, il sera voué à une mort certaine. Mais l'inflexibilité de l'expérimentation vient encore détruire cette allusion théorique et prouver l'inanité de cette laborieuse dessiccation.

En effet, dans plusieurs expériences, en employant des animalcules imparfaitement desséchés par l'atmosphère, comme ils le sont toujours quand ils ressuscitent, et en les plongeant dans des étuves sèches, chauffées à un degré qui dépassait le maximum auquel les savants ont fixé la coagulation de l'albumine hydratée, j'ai toujours trouvé ces animalcules reviviscibles, tant que je n'atteignais pas le degré où la dessiccation réelle arrive.

(1) Doyère, *Progrès.* 1859, t. III, p. 732.
(2) Pour me conformer au langage du savant que je combats.

Expérience. — Je prends du terreau qui a été conservé en tas, à l'ombre, et qui est très-hygroscopique. Ce terreau animé, rempli de Rotifères et de Tardigrades hydratés, est déposé sur la boule d'un thermomètre et soumis dans l'étuve à une température de 78°, pendant une demi-heure. Ensuite on retire ce terreau, on l'humecte, et quelques heures après, on reconnaît qu'il possède encore tous ses animalcules parfaitement vivants (1).

Dans cette expérience, il est donc évident que les Rotifères et les Tardigrades ont supporté une température supérieure à celle à laquelle les chimistes fixent la coagulation de l'albumine : une température qui lui est énormément supérieure, 28° ou au moins 18°, d'après l'appréciation de M. Doyère lui-même.

En présence d'un tel résultat, résultat capital, que signifient donc la dessiccation chimique et le vide de la machine pneumatique, dont on a tant parlé, et que nous nous obstinons à ne pas considérer comme des moyens sérieux dans le cas dont il s'agit? Que signifie donc la théorie de l'albumine hydratée et de l'albumine chimiquement sèche ! On a dit que la coagulation de cette substance tuait les animalcules, et voilà que les notres vivent fort bien 18 ou même 28° au-dessus du terme fatal qui leur était assigné !

Nonobstant ce que nous venons de dire, nous n'en

___

(1) Dans cette expérience, nous ne portons l'étuve qu'à 78°, pour ne pas arriver à la température fatale aux Tardigrades, et nous ne parlons pas des Anguillules qui meurent à 75°. Si nous eussions agi sur des Rotifères seulement, nous aurions pu aller à 85° et chauffer même plus longtemps.

considérons pas moins la mort, lorsqu'elle arrive par
l'action du calorique, comme étant due probablement
à la coagulation de l'albumine; mais je pense que le
degré auquel se produit ce phénomène peut beaucoup
varier selon la proportion de ce corps dans les liquides. On peut le supposer par l'oscillation que l'on re-
marque dans les œuvres des chimistes à l'égard du
degré précis où a lieu cette coagulation. Il se pourrait
que lorsqu'elle est peu abondante dans les liquides et
en même temps sous l'influence de la vie, l'albumine
ne se coagulât qu'à un degré plus élevé qu'à l'état
mort, et lorsqu'elle est peu hydratée. Aussi je ne
serais pas éloigné de penser que chez les animalcules
pseudo-ressuscitants, l'abondance d'eau qu'ils contiennent proportionnellement, et l'influence de la
vie, retardât chez eux jusqu'à 80° et même 90°,
cette coagulation (1). C'est aussi le maximum de leur
résistance vitale aux températures élevées ; maximum
déduit du relevé des expériences, mais que je porte
théoriquement à 100°, pour éviter, je le répète, toute
contestation.

L'étuve dont je me sers permettant de supposer que
durant la dessiccation les animalcules se trouvent en
contact avec de l'air humide, pour obvier à cette
objection je n'ai pas hésité à me conformer aux
indications qui m'ont été suggérées, en adoptant un

(1) Cette température de 80° pour la coagulation de l'albumine
fortement hydratée, et en quelque sorte vivante, n'est pas de
beaucoup supérieure à celle à laquelle MM. Bérard et Bouchar-
dat fixent cette coagulation, puisqu'ils disent qu'elle n'a lieu
qu'à 75°.

appareil analogue à celui qui se trouve représenté ici ;
appareil qui n'est autre que celui dont se sert Liebig

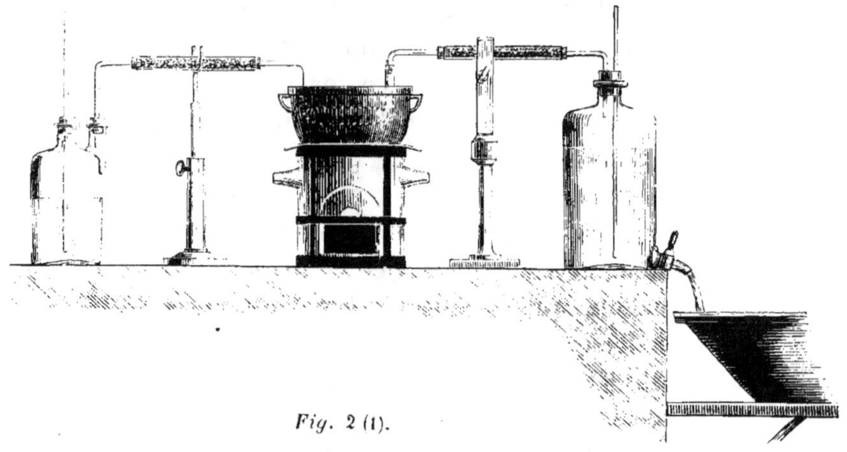

Fig. 2 (1).

lui-même, pour la dessiccation des substances destinées à l'analyse (*fig.* 2).

Durant les expériences que j'ai répétées à la Faculté
de médecine, au mois d'août, en présence de la commission de la Société de biologie, j'ai employé l'appareil représenté ci-dessous, qui a été conçu d'après les
indications de M. Berthelot. Cet appareil offrant toutes
les garanties scientifiques, avant qu'il fût en fonction,
j'acceptai, sans restriction, la responsabilité de l'expérience, tant j'avais la certitude qu'en l'employant, les
animalcules pseudo-ressuscitants seraient soumis à
une température réelle de 100°, et tant l'expérience
m'a cent fois prouvé que ceux-ci ne pouvaient la supporter sans périr.

(1) D'après Poggiale, *Analyse chimique par la méthode des
Volumes.*

L'appareil du savant chimiste que je viens de nommer, me paraissant préférable à ceux dont on a fait usage jusqu'à ce moment. ce serait lui que désormais je conseillerais aux physiologistes qui voudraient répéter les expériences sur la résistance vitale des animalcules aux températures élevées.

Cet appareil, ainsi qu'on le voit dans la figure 3, se compose d'un tube de gros calibre, horizontal, placé

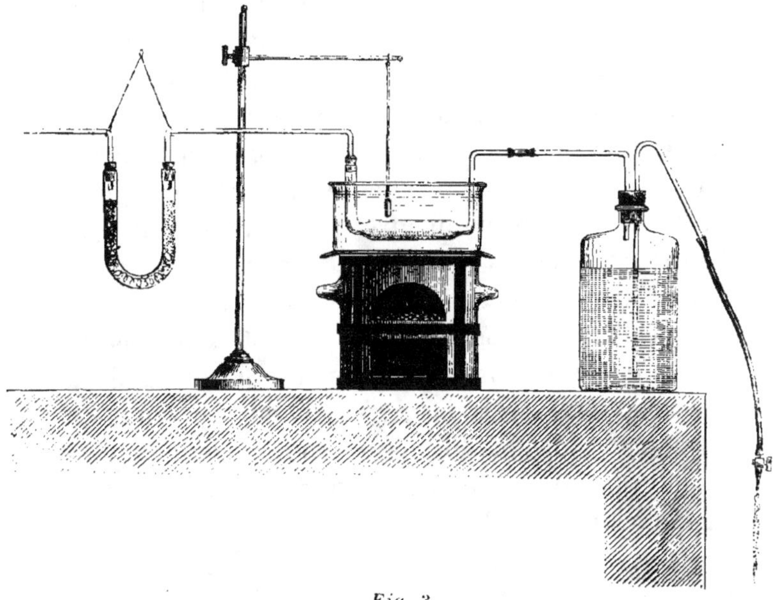

Fig. 3.

dans un bain-marie, qui est disposé sur un fourneau à gaz, pour mieux régler la température. D'un côté, par l'une de ses extrémités recourbées, ce tube est en communication avec un tube en U contenant de la potasse et de la ponce sulfurique, pour absorber l'acide carbonique et l'humidité de l'air ; et de l'autre, il communique avec un aspirateur, afin d'entretenir, durant toute l'opération, un courant d'air sec sur la substance en expérience.

L'introduction de cette substance dans le tube horizontal et son extraction, demandent beaucoup de précautions de la part de l'expérimentateur ; car si quelques parcelles de la poussière restaient vers l'ouverture du tube, nécessairement il en résulterait que celles-ci, ne subissant pas la température de 100°, des animalcules vivants pourraient se présenter mêlés aux morts, et l'expérience serait fautive. Pour éviter cet inconvénient, il est bon d'enfoncer d'abord un peu de coton dans l'une des deux branches verticales du tube et de l'enfoncer au-dessous du niveau de l'eau. Ensuite, par l'autre branche, on introduit le terreau contenant des animalcules reviviscibles ; et après on enfonce aussi dans celle-ci un petit tampon de coton qui pousse avec lui, très-profondément, la poussière qui aurait pu s'accoler aux parois du verre. Quand l'opération est terminée, pour plus de sûreté, on casse le tube horizontal par le bout opposé à l'entrée du terreau, et l'on extrait celui-ci par l'endroit de la fracture.

Dans l'expérience qui fut faite à la Faculté de médecine, avec l'appareil de M. Berthelot, on plaça le terreau dans l'appareil froid, et celui-ci fut ensuite chauffé lentement jusqu'à ce qu'il eût acquis 60°. A compter de ce moment, afin de procéder avec une lenteur qui nous mît à l'abri de tout reproche, la température ne fut plus élevée que de 1°,25 par quinze minutes, ou 5° à l'heure. On mit huit heures à franchir 40°; et l'opération marcha avec tant de précision, que le thermomètre plongé dans l'appareil indiquait lui-même l'heure de la journée. Quand au bout de ce temps on eut atteint 100°, on maintint l'eau en ébullition durant trente minutes.

Pendant les deux premières heures de l'opération, à l'aide de l'aspirateur, on fit passer un décimètre cube d'air, chaque 20 minutes, dans l'appareil; et pendant tout le reste, seulement un décimètre par heure.

Lorsque l'appareil fut suffisamment froid, le terreau en fut extrait. Alors, quoique nos expériences eussent démontré l'inanité d'un tel procédé opératoire, pour nous conformer aux récentes prescriptions du savant que nous combattons, nous avons laissé ce terreau au contact de l'air un jour; nous l'avons exposé ensuite une journée au contact d'un air saturé d'humidité; et ce ne fut que le troisième jour qu'on l'imbiba d'eau. Et malgré cet arsenal de précautions, après une macération de vingt-quatre heures, nous n'en avons pas moins trouvé que tout avait été frappé de mort dans le terreau qui avait strictement subi une température de 100° pendant trente minutes. Les Anguillules étaient enroulées ; et les Tardigrades et les Rotifères tout-à-fait endosmosés et dont les viscères étaient désorganisés, annonçaient suffisamment qu'une macération plus prolongée serait absolument inutile.

Quoique, à l'exemple des savants qui ont traité le plus strictement ce qui concerne l'analyse chimique, je considère le vide comme moins efficace que la chaleur lorsqu'il s'agit de la dessiccation des substances organiques, cependant, je n'en ai pas moins employé

celui-ci, uniquement pour me soustraire à toute espèce d'objection. Malgré cela, je n'en ai pas moins vu
les animalcules périr au point que j'ai indiqué, toujours au-dessous de la température de 100°.

Je me suis quelquefois contenté d'exposer à l'air
sec le terreau fertile en animalcules, en le plaçant
sous une cloche contenant un vase d'acide sulfurique,
et dont la base plongeait dans du mercure, comme

Fig. 4 (1).

l'indique la figure 4, et le terme fatal aux Tardigrades
et aux Rotifères n'en a pas été reculé.

Dans d'autres expériences, j'ai placé soit du terreau
riche en animalcules, soit des Tardigrades, soit des
Rotifères, soit enfin des Anguillules, sous le récipient
de la machine pneumatique, en mettant au-dessous
de ces animaux un vase rempli d'acide sulfurique
concentré. Le vide sec a été maintenu de trois à cinq
jours ; et, comme je l'aurais assuré à l'avance, ce
procédé expérimental, loin de sauvegarder le succès,

(1) Empruntée au *Traité d'analyse chimique* de M. Poggiale.

n'a fait qu'activer la mort des animalcules, et pas un seul, dans toutes nos tentatives, n'a pu être revivifié.

Il me semble que dans une discussion semblable on ne doit rendre personne solidaire de ses expériences. Aussi je ne citerai les noms d'aucun des savants qui m'ont fait l'honneur d'assister aux miennes et qui ont pu en constater les résultats. Je dois seulement remercier ici MM. les professeurs Gavarret et Wurtz, qui, lorsque je les ai répétées à la Faculté de médecine de Paris, ont mis leur laboratoire à ma disposition avec la plus affable courtoisie.

Les expériences les plus fondamentales mentionnées dans cet écrit, ont toutes été répétées, et toutes ont eu le résultat que j'avais annoncé. En présence de faits si nettement opposés, *il n'y a plus qu'un seul moyen pour juger la question, c'est d'expérimenter soi-même, et c'est ce que personne, que je sache, n'a encore fait.* C'est là un grave reproche que l'on peut adresser à la physiologie du dix-neuvième siècle, car il s'agit d'un des faits les plus capitaux de la science, à savoir :

> *Si une goutte d'eau peut rendre la vie à un animal momifié.....*

fait que les savants, le croira-t-on, pouvaient élucider en quelques heures !

Les attestations, en semblable matière, ne peuvent avoir de valeur que lorsqu'on a suivi pas à pas toutes les phases d'une expérience, et non quand seulement on en a constaté les résultats. Faut-il à ce sujet rappeler une des tristes pages de nos annales scientifiques? Tout le monde médical, à une époque, avait vu l'insecte de la gale : on en reproduisait partout des figures, on inscrivait sa longue histoire dans nos plus remarquables ouvrages de médecine et d'histoire naturelle, et cependant.... c'était une immense erreur !

Loin de moi l'idée d'un rapprochement entre ce fait et celui qui nous occupe, mais dans ce dernier, il faut qu'il se soit glissé quelque aberration expérimentale.

Lorsque j'ai répété mes expériences, tant j'étais certain qu'elles reposaient sur des bases sérieuses, j'ai accepté les appareils que l'on m'a indiqués. Nous proposerons sans hésitation à ceux qui voudront débrouiller la vérité, et il est temps de le faire, d'avoir autant de hardiesse ; et, afin de mieux en assurer le triomphe, nous leur conseillons :

1° De suivre absolument les procédés de M. Doyère pour la dessiccation des animalcules ;

2° D'adopter l'appareil de M. Berthelot pour les chauffer, cet appareil étant le plus scientifique que l'on ait proposé jusqu'à ce moment ;

3° Enfin, de suivre de nouveau le procédé de M. Doyère pour la réhumectation.

J'espère qu'en proposant de telles bases expérimentales, je m'efface absolument, et que je mets les savants à l'abri de toute critique de la part des palingénésistes eux-mêmes. Mais une condition expresse, c'est que désormais aucun des adversaires en cause ne soit présent à l'opération.

Alors, en vingt-quatre heures, se jugera pour l'honneur de la science, un débat qui malheureusement est pendant depuis plus d'un siècle, et l'on verra s'éva-

les assertions de Spallanzani et de M. Doyère lui-même, en reconnaissant que jamais une goutte d'eau ne ressuscite une momie d'animal, pas plus qu'elle ne rend aux tissus absolument secs, leur apparence normale (1).

Alors, aussi, la physiologie rationnelle proclamera une vérité de plus, et renversera ce monopole expérimental qui entrave sa marche et sa dignité.

Voyez le tableau n° 3 où se trouve le résultat de quelques-unes de nos expériences.

SECTION VIII.

En parlant de la reviviscence des animalcules, Ehrenberg a dit, avec beaucoup de vérité, que les discussions des savants, depuis plus de cent ans, ont plus embrouillé la question qu'elles ne l'ont éclaircie. — On a pu s'en convaincre encore récemment, en voyant tant et tant de paroles se produire à l'égard d'un fait que quelques expériences pouvaient en peu d'heures élucider.

Mais après le débat qui a eu tant de retentissement, les physiologistes ne peuvent plus différer, il faut enfin que l'on mette un terme décisif à une discussion déjà trop longtemps prolongée.

Pourquoi donc de si infimes êtres sont-ils devenus l'objet de l'attention générale?..... C'est que dans le phénomène qu'on leur prète réside une des questions les plus vitales de la biologie.

Le volume n'y fait rien.

Si l'atome ressuscite, pourquoi pas le mollusque, pourquoi pas l'insecte?

Les mèmes lois régissent partout la vie.

A une grande lutte il faut une victoire décisive. Le

champ de bataille est depuis trop longtemps vaine-
ment disputé ; et les années ont mûri les parties bel-
ligérantes.

Je ne dévie pas un instant de ma route, parce que
je suis dans la ligne du possible, et que je demande
à la science de notre époque de rentrer dans les
limites du vrai et d'abandonner au vulgaire les
fantasmagories de l'imagination, afin que nos am-
phithéàtres ne dérogent plus à leur majesté.

Un simple désir de moi, exprimé par une phrase
plus simple encore, a donné lieu à un in-octavo de
réponses. Le fond a été noyé par l'abondance des dé-
tails ; la vérité étouffée, travestie par la multitude des
contradictions. Le fil d'Ariane ne suffirait plus pour
se retrouver dans cet inextricable labyrinthe. Aujourd'hui c'est avec des chiffres que nous avons
combattu des phrases. Le monde savant jugera de
quel côté est la force de l'argumentation...

J. Hunter disait qu'il n'y avait pas de grand ana-
tomiste qui n'eût eu de grandes querelles. Une
semblable destinée est aussi le partage des zoolo-
gistes : mon antagoniste me l'a rappelé. Mais ce
que je regrette, c'est de n'avoir pas trouvé dans
sa manière de procéder ces formes et ces égards
qui élèvent une discussion scientifique, sans priver
l'argumentation de sa vigueur et de sa force. Nos
devanciers savaient aussi discuter ; mais le senti-
ment de dignité qu'avaient autrefois les gens de
robe ne leur permettait jamais ces tristes dé-
rogations à ce que l'on se doit à soi-même et aux
autres.

En vain la voix sévère de la presse a tenté de ramener notre antagoniste à cette délicate courtoisie qui sauvegarde toutes les opinions; elle n'a pu réussir, et chaque adversaire des résurrections a été tour à tour flagellé.

A Rouen, deux de mes disciples se mettent à l'œuvre et produisent quelques expériences exécutées avec la plus scrupuleuse attention; immédiatement ils deviennent l'objet d'un dénigrement systématique. En admettant même que leurs tentatives laissassent quelque chose à désirer, il fallait les saper avec ces ménagements que l'âge doit aux travaux des jeunes savants, et ne pas essayer de les anéantir sous le poids de l'ironie. Leurs expériences, dont le naturaliste que nous combattons prétend avoir ri! mais elles vont droit au cœur des siennes, et elles les font sombrer sous leur poids accablant (1)!

D'un autre autre côté, de brusques démonstrations judiciaires ont frappé plusieurs rédacteurs des journaux scientifiques.

C'est au nom de la dignité du corps savant que je proteste contre une telle conduite, véritablement en dehors de la science qui se respecte et veut être respectée. A la faiblesse l'indulgence, et non le sarcasme et l'ironie; à des attaques remplies de convenance, de courageuses réponses et non des diatribes et des huissiers. C'est tout renverser, c'est bouleverser l'aréopage des sciences que de les arracher à leur sanctuaire en les traînant à la barre des tribunaux.

(1) Doyère. *Union médicale*. 1859, n. 73, p. 556.

Sans la liberté de discussion, tout essor intellectuel est paralysé, et le savoir humain n'a plus qu'à replier ses ailes et à gémir sur sa force et sa dignité !

Notre adversaire était faible, il a procédé par la violence. Nous avions à défendre des faits rationnels, nous sommes restés dans le calme de la force.

D'un autre côté, j'avoue que ma raison n'a pas toujours pu s'élever à la hauteur du dernier mémoire qui a paru sur la palingénésie, ni comprendre les inexplicables contradictions que l'on y rencontre. Ainsi, dans la même page, on lit que la résurrection des animalcules desséchés n'exige que quelques minutes (1), et vingt lignes plus bas qu'il faut l'attendre quatre à cinq jours (2).

Dans sa plus capitale expérience de reviviscence, M. Doyère s'est borné à prendre des mousses riches en animalcules et à les dessécher d'abord à l'air libre pendant huit jours, puis ensuite pendant dix-sept jours sous une cloche contenant une capsule d'acide sulfurique, et enfin à les exposer soit dans le vide sec de la machine pneumatique durant six jours, soit pendant vingt-huit jours dans le vide barométrique.

Tout cela se borne donc à nous démontrer que les animalcules qui nous occupent peuvent résister vingt-huit jours à l'action du vide barométrique, mais cela ne dit pas qu'ils soient absolument inanimés, ni absolument secs.

(1) Doyère, *Mémoire sur la revivification* (*Progrès.* 1859, p. 706, ligne 9).

(2) Doyère, *id.*, *id.*, *id.*, ligne 29.

Pouchet. *Anim. ress.* 6

Dans ces expériences, assez difficiles à suivre, on se demande pourquoi on a employé des mousses et non simplement le terreau qui leur sert de sol : cela eût donné à l'opération une plus grande précision? Enfin pourquoi, si ce n'est pour donner à ces expériences une inutile tournure de haute science, avoir employé l'acide sulfurique et le vide pour dessécher des animalcules? Il s'agissait ici de vérifier les procédés de la nature, et le moyen qu'elle emploie elle-même, la simple chaleur, devait être préféré ; la nature ne transporte pas nos appareils chimiques sur les toits pour y dessécher les Tardigrades et les Rotifères; elle sait parfaitement le faire et les tuer sans cela.

L'enveloppe protectrice des Rotifères les défend efficacement contre les violences de nos opérations. Alors, leurs phénomènes vitaux ne s'éteignent pas absolument; il existe encore chez eux une *vie latente*, comme chez le Mammifère hivernant sous la neige, comme chez le Cyclostome qui attend une rosée bienfaisante pour sortir de sa coquille où il semblait déjà mort. Ce prétendu vide, dont on fait usage avec tant d'ostentation, mais n'atteint aucunement les animalcules et il ne les dessèche nullement, protégés qu'ils sont par une enveloppe absolument imperméable: c'est comme si vous soumettiez sous le récipient de la machine pneumatique, une vésicule de caoutchouc remplie d'eau !

Que peut faire le vide sur ces animalcules contractés et chez lesquels la vie est presque suspendue, tandis qu'il n'a aucune action sur les Infusoires qui jouissent de la plénitude de leurs fonctions? J'ai, à diverses reprises, placé des Kolpodes, des Kérones, des Vibrions et des Monades sous le récipient de la machine pneumatique, et quel que fût le vide obtenu, ces animalcules vivaient sous ce récipient pendant plusieurs jours, sans paraître le moins du monde affectés par la raréfaction de l'air. Le vide auquel résistaient si longtemps ces frêles animalcules, tuait en quelques minutes des poissons et des reptiles qui avaient été placés à côté d'eux (1).

Je n'ai pas voulu me servir ordinairement du vide de la machine pneumatique pour dessécher les animalcules microscopiques, parce que cela ne m'a pas semblé un moyen sérieux. Ce vide, qui ne me paraît avoir été employé que pour donner à l'expérience une apparence plus scientifique, a si peu d'action sur les animalcules pseudo-ressuscitants, qu'il ne semble même pas influer sur ceux qui jouissent de toute la plénitude de leurs fonctions.

Mon adversaire a prétendu que la revivification donnait de la force à la panspermie et qu'elle empêchait l'hétérogénie de passer.

Je ne vois pas, et aucune personne sensée ne verra le moindre rapport entre la génération spontanée et les résurrections. Si celles-ci existaient réellement, ce serait même plutôt un argument en sa faveur.

Si les animalcules possédaient l'incombustibilité qu'on leur a prêtée, cela n'offrirait même aucun argument en faveur de l'inouïe dissémination des germes.

(1) Pouchet, *Hétérogénie*. Paris, 1859, p. 177.

Nos expériences ont donné à cela toute l'évidence possible, en prouvant qu'en employant des substances chauffées bien au delà du maximum de résistance des animalcules et de leurs œufs, on produisait encore des générations spontanées.

Ainsi donc, les pseudo-résurrections n'ont rien d'effrayant pour l'hétérogénie.

Dans de récentes expériences un savant a triplé l'arsenal des précautions. Il a cru devoir, pendant la dessiccation, entretenir un courant d'air dans l'étuve où ses animalcules, qui ont subi une *dessiccation absolue*, sont exposés à une température élevée (1). Que l'on exhibe de telles choses devant un vulgaire public, je le conçois ; mais en présence des physiologistes du dix-neuvième siecle, vraiment j'en suis stupéfait.

Que l'on renouvelle l'air d'une étuve servant à l'éclosion des œufs des oiseaux, qui doivent employer ce fluide pour respirer sous leur coque ; bon. Mais que l'on apporte de l'air à des animaux qui ont subi la dessiccation absolue, pour me servir de l'expression de M. Doyère lui-même ; vraiment, je ne conçois pas à quoi cela pourrait servir à des êtres microscopiques qui sont tellement secs qu'ils se brisent, dit-on, comme un morceau de sel ; et qui, sous cet état, ne doivent guère se soucier de leur fonction respiratoire, et n'ont plus d'eau hygroscopique à exhaler.

Si, moi-même, j'ai employé un courant d'air sec, je ne l'ai fait que pour me mettre à l'abri de toute critique,

(1) L'étuve elle-même doit être traversée par un courant d'air sec. (Doyère, *Progrès.* 1859, t. III, p. 734.)

Je me suis adressé en vain à plusieurs adeptes de la palingénésie, aucun d'eux n'a pu satisfaire mon ardente curiosité à l'égard des résurrections. Quelques-uns m'ont dit qu'il n'y avait qu'un seul savant capable d'entreprendre les opérations délicates et extraordinaires qui mènent à bien ce nouvel arcane de la physiologie moderne.

J'attends toujours et jusqu'à ce que, à la surface de ce globe sublunaire, j'aie rencontré quelque âme bienveillante qui me fasse voir que les animaux résistent à des températures de 120° à 150°, je resterai dans le doute, et j'espère qu'on me pardonnera mes scrupules invétérés.

Je me rappelle au sujet de l'incombustibilité des Tardigrades, qu'il y a un certain nombre d'années les plus célèbres de nos somnambules lucides, qui opéraient des merveilles en présence de tout le monde, voulurent me conquérir à la foi magnétique, mais qu'ils échouèrent dans toutes leurs expériences, tant j'avais su me mettre à l'abri des chances du hasard. L'un de ces somnambules qui lisait *parfaitement* tous les mots que le public lui offrait sous les plus compactes enveloppes, ne put pas déchiffrer une seule lettre de celui que je lui présentai. Je l'avais effrayé en lui donnant à épeler le nom de Muschenbroeck. Cela me rappelle qu'au nombre de mes prénoms on compte celui d'Archimède ; ce prénom effarouche peut-être les Tardigrades. Qui sait ?

RÉSUMÉ.

Les expériences entreprises au Muséum d'histoire
naturelle de Rouen, et qui y ont été continuées sans la
la moindre interruption durant trois mois, nous ont
permis de considérer ce qui suit comme étant acquis
à la science sérieuse.

1° On a considéré chez les Rotifères, les Tardigrades et les Anguillules, comme des phénomènes extraordinaires, des phénomènes qui ne s'éloignent nullement des lois biologiques générales.

2° Ces phénomènes s'observent aussi chez un certain nombre d'animaux inférieurs, et même à un tout
aussi haut degré, sans que l'on ait jamais eu l'idée d'y
trouver rien de miraculeux.

3° La résurrection des animalcules, si elle existait
réellement, renverserait toutes les lois qui régissent
les êtres organisés.

4° Les animalcules pseudo-ressuscitants, en se contractant, se conservent parfois fort longtemps dans le
terreau où ils vivent, lorsque celui-ci semble sec. Ce
fait est dû à ce que ce terreau étant très-hygroscopique, recèle assez d'humidité pour les empêcher de subir une dessiccation rapide et complète, ou à ce que

celui-ci conserve intégralement leur progéniture.

5° La dessiccation complète, absolue, c'est la mort absolue : l'expérience le prouve surabondamment.

Jamais la réhumectation d'un tissu animal desséché ne lui rend *absolument* ses propriétés physiques, et encore moins ses propriétés vitales.

6° Les phénomènes de pseudo-résurrection persistent beaucoup moins qu'on ne l'a généralement dit.

Si le terreau forme un tas, son hygroscopicité permet aux animalcules ou à leur progéniture de résister longtemps au milieu de lui, sans se dessécher et par conséquent sans périr.

Mais si on étale ce terreau en couche excessivement mince, sur une lame de verre, de manière à ce que chacun de ses grains soit à distance, la dessiccation des animalcules se faisant alors rapidement, ceux-ci périssent, en été, en moins de deux mois. Nos expériences le prouvent.

7° Les animalcules pseudo-ressuscitants sont doués d'une fort grande résistance vitale, qui est en rapport avec les brusques oscillations de leur habitat.

Dans nos expériences nous avons prouvé qu'on peut brusquement leur faire franchir 100° de température, sans le moins du monde altérer leur reviviscence. Cela prouve l'inanité de certaines précautions dont on entrave l'expérimentation.

8° Pour éviter toute illusion, toute cause d'erreur et statuer positivement sur les faits de revivification, il faut : 1° voir les animaux vivants ; 2° les voir mourir ; et 3° les voir revivre.

9° Alors, on s'aperçoit que loin de pouvoir être ranimé plusieurs fois, chaque animalcule mort et absolument sec, ne ressuscite jamais une seule.

10° A l'ombre, en été, par une température moyenne de 25°, en moins de vingt jours, les Rotifères, les Anguillules des toits et les Tardigrades vus vivants, périssent absolument et sans retour.

11° Au soleil la dessiccation et la mort absolue de ces animalcules arrivent encore plus rapidement.

12° Les animalcules pseudo-ressuscitants que, sur des observations inexactes, quelques savants avaient doués d'une presque immortalité, ont été considérés par d'autres comme jouissant d'une incombustibilité non moins prodigieuse. On a prétendu que plusieurs d'entre eux pouvaient subir, sans périr, une température de 120 et même de 150 degrés ; c'est un fait qu'il faut rayer de la science positive.

13° Dans des expériences que nous n'avons cessé de répéter durant trois mois, en prenant les plus strictes précautions, nous avons vu qu'aucun animalcule ne pouvait même supporter 100° de température. Les Rotifères périssent de 85 à 90° du thermomètre centigrade ; les Tardigrades, de 80 à 85°, et les Anguilules à peu près à 75.

14° Ainsi donc, nos expériences protestent énergiquement et contre cette prétendue résurrection des animalcules qui révolte autant la raison que la science, et contre cette presque incombustibilité, qui, quoique moins extraordinaire, n'en est pas moins un phénomène absolument inadmissible.

TABLEAUX.

N° 1.

EXPÉRIENCES SUR LES PSEUDO-RÉSURRECTIONS.

ANIMALCULES VIVANTS DESSÉCHÉS A L'OMBRE.

NOMBRE DE JOURS de la DESSICCATION.	TEMPÉR. MOYENNE durant L'EXPÉRIENCE.	NOMBRE ET DÉSIGNATION des ANIMALCULES MIS EN EXPÉRIENCE.	DURÉE de L'HYDRATATION.	ÉTAT DES ANIMALCULES après L'HYDRATATION.
			jours.	
5	20°	6 Rotifères........	1	4 morts, 2 vivants.
		1 Anguillule........	»	morte.
6	26°	2 Rotifères........	2	morts, endosmosés.
		5 Tardigrades.....	»	id.
7	24°	6 Rotifères........	2	morts.
		1 Tardigrade......	»	mort, endosmosé.
8	23°	4 Rotifères........	1	3 vivants, 1 mort.
		4 Anguillules......	»	mortes.
9	24°	5 Rotifères........	2	4 morts, 1 vivant.
		1 Tardigrade......	»	mort.
10	26°	3 Rotifères........	1	morts, endosmosés.
		2 Anguillules......	»	mortes.
11	23°	5 Rotifères........	2	4 morts, 1 vivant.
		1 Tardigrade......	»	mort.
11	20°	5 Rotifères........	2	morts, endosmosés.
		2 Tardigrades.....	»	id.
12	27°	6 Rotifères........	2	morts, endosmosés.
		1 Tardigrade......	»	id.
		2 Anguillules......	»	mortes.
13	25°	5 Rotifères........	2	morts, endosmosés.
		1 Tardigrade......	»	mort.
		3 Anguillules......	»	mortes.
14	»	5 Rotifères........	2	morts, endosmosés.
		2 Tardigrades.....	»	id.
		2 Anguillules......	»	mortes.
15	»	4 Rotifères........	2	morts, endosmosés.
		1 Tardigrade......	»	mort.
		1 Anguillule........	»	morte.
16	26°	4 Rotifères........	2	2 morts, 2 mourants.
		1 Tardigrade.....	»	mort.
		3 Anguillules......	»	mortes.
17	»	5 Rotifères........	3	morts, endosmosés.
		1 Tardigrade......	»	mort.
		2 Anguillules......	»	mortes.
18	28°	3 Rotifères........	3	morts, endosmosés.
		2 Tardigrades.....	»	id.
		4 Anguillules.....	»	mortes.
19	28°	5 Rotifères........	2	morts.
		1 Tardigrade......	»	mort.
		3 Anguillules......	»	mortes.
20	28°	8 Rotifères........	3	morts, endosmosés.
		2 Tardigrades.....	»	id.
		4 Anguillules......	»	mortes.

N° 2.

EXPÉRIENCES SUR LES PSEUDO-RÉSURRECTIONS.

ANIMALCULES VIVANTS,

DESSÉCHÉS GRADUELLEMENT ET EXPOSÉS AU SOLEIL.

NOMBRE DE JOURS de la DESSICCATION.	TEMPÉR. MOYENNE durant L'EXPÉRIENCE.	NOMBRE ET DÉSIGNATION des ANIMALCULES MIS EN EXPÉRIENCE.	DURÉE de L'HYDRATATION.	ÉTAT DES ANIMALCULES après L'HYDRATATION.
			jours.	
3	»	5 Rotifères.........	1	4 morts, 1 vivant.
		1 Anguillule.......	»	morte.
		6 Tardigrades	»	5 morts, 1 vivant.
4	»	3 Rotifères........	2	morts contractés.
		1 Anguillule.......	»	morte.
		2 Tardigrades	»	1 mort, 1 mourant.
5	»	5 Rotifères........	2	morts, endosmosés.
		1 Anguillule.......	»	morte.
		1 Tardigrade	»	mort.
6	»	3 Rotifères........	3	morts, désorganisés.
		1 Anguillule	»	morte.
		2 Tardigrades	»	morts, endosmosés.
6	»	4 Rotifères........	»	id.
		2 Tardigrades	»	id.
		1 Anguillule.......	»	morte.
7	»	5 Rotifères........	»	morts, endosmosés.
		4 Anguillules......	»	mortes.
		1 Tardigrade	»	mort.
8	»	5 Rotifères........	»	3 morts, 1 vivant, 1 mourant.
		2 Anguillules......	»	mortes.
10	»	4 Rotifères.........	2	morts, endosmosés.
		2 Anguillules......	»	mortes.
10	»	4 Rotifères........	1	morts, endosmosés.
		1 Anguillule.......	»	morte.

Nº 3.

EXPÉRIENCES SUR LES PSEUDO-RÉSURRECTIONS.

RÉSISTANCE VITALE AUX TEMPÉRATURES ÉLEVÉES.

EXPÉRIENCES

EXÉCUTÉES AVEC DU TERREAU RICHE EN ANIMALCULES CONTRACTÉS (1).

TEMPÉRATURE de l'étuve.	DURÉE de l'exposition au degré de chaleur.	ANIMALCULES MIS EN EXPÉRIENCE.	DURÉE de l'hydratation.	ÉTAT DES ANIMALCULES après L'HYDRATATION.
	minutes.		jours.	
60°	120	Rotifères	1	Presq. tous vivants.
		Tardigrades.......	»	id.
		Anguillules	»	id.
70°	60	Rotifères..........	»	id.
		Tardigrades.......	»	id.
		Anguillules	»	mortes en grande partie.
80°	60	Rotifères	2	en partie vivants.
		Tardigrades.......	»	morts, 2 vivants.
		Anguillules	»	toutes mortes.
80°	120	Rotifères..........	2	morts, 2 vivants seulement.
		Tardigrades.......	»	morts.
		Anguillules.......	»	mortes.
85°	60	Rotifères..........	2	morts, 4 vivants.
		Tardigrades.......	»	morts, 1 vivant.
		Anguillules	»	mortes.
85°	60	Rotifères..........	2	morts, 3 vivants.
		Tardigrades.......	»	morts, endosmosés.
		Anguillules	»	mortes.
90°	60	Rotifères..........	2	morts, 1 vivant.
		Tardigrades.......	»	morts, endosmosés.
		Anguillules	»	mortes.
90°	60	Rotifères	2	morts, endosmosés.
		Tardigrades.......	»	id.
		Anguillules	»	mortes.

(1) Toutes ces expériences ont été faites sur une quantité de terreau donnée, contenant en moyenne environ 50 animalcules contractés, reviviscibles. Chaque portion de ce terreau employée offrait des Rotifères, des Tardigrades et des Anguillules ; mais les premiers y prédominaient énormément.

TEMPÉRATURE de l'étuve.	DURÉE de l'exposition au degré de chaleur.	ANIMALCULES MIS EN EXPÉRIENCE.	DURÉE de l'hydratation.	ÉTAT DES ANIMALCULES après L'HYDRATATION.
	minutes.		jours.	
90°	30	Rotifères	2	tous morts, à l'ex-
		Tardigrades.......	»	ception d'un Roti-
		Anguillules	»	fère.
90°	30	Rotifères	3	tous morts et en
		Tardigrades.......	»	partie endosmo-
		Anguillules	»	sés.
95°	30	Rotifères	»	id.
		Tardigrades.......	»	id.
		Anguillules	»	id.
95°	15	Rotifères	3	id.
		Tardigrades.......	»	id.
		Anguillules	»	id.
100°	60	Rotifères	2	id.
		Tardigrades.......	»	id.
		Anguillules	»	id.
100°	30	Rotifères.........	2	id.
		Tardigrades.......	»	id.
		Anguillules	»	id.
100°	30	Rotifères	»	id.
		Tardigrades.......	»	id.
		Anguillules	»	id.
100°	15	Rotifères	2	id.
		Tardigrades.......	»	id.
		Anguillules	»	id.
100°	15	Rotifères	3	id.
		Tardigrades.......	»	id.
		Anguillules	»	id.
100°	15	Rotifères	2	id.
		Tardigrades.......	»	id.
		Anguillules	»	id.

FIN.

TABLE DES MATIÈRES.

FIN DE LA TABLE DES MATIÈRES.

Corbeil, imprimerie de Crété.

www.ingramcontent.com/pod-product-compliance
Lightning Source LLC
LaVergne TN
LVHW050634060726
842527LV00004B/1305